舰船装备保障工程丛书

备件需求量计算方法

徐 立　翟亚利　张光宇
刘天华　邵松世　李 华　著

"重点军事院校、重点学科"建设专项资助
水雷反水雷教学创新团队资助

科学出版社
北　京

内 容 简 介

本书针对装备综合保障领域备件保障方向最基础的问题"如何计算备件需求量",按照不同类别的备件,在单元级层面上给出了对应的备件需求量计算方法。首先,建立基于备件使用过程的仿真模型,该模型贯穿全书,可模拟备件保障概率、备件利用率等常见的备件保障指标;然后,介绍初始备件需求量的计算方法,内容覆盖单元寿命服从指数分布、正态分布、韦布尔分布等常见分布类型;在此基础上,进一步介绍后续备件、有寿件、可修复备件的计算方法,连续补给和一次性补给两种备件补给策略下的计算方法,由单元级提升到部件级的计算方法;最后,给出任务执行完毕后的备件保障事后评估方法。为便于理解,关键知识点都以例题的形式说明其应用。

本书可作为高等院校装备综合保障专业的教材,也可作为从事备件供应规划工作相关人员的参考书。

图书在版编目(CIP)数据

备件需求量计算方法 / 徐立等著. ——北京:科学出版社,2021.11
(舰船装备保障工程丛书)
ISBN 978-7-03-069794-3

Ⅰ.①备… Ⅱ.①徐… Ⅲ.①军用船-备件-装备保障-计算方法-研究 Ⅳ.①E925.6-32

中国版本图书馆 CIP 数据核字(2021)第 191355 号

责任编辑:张艳芬 赵微微 / 责任校对:崔向琳
责任印制:吴兆东 / 封面设计:蓝 正

科 学 出 版 社 出版
北京东黄城根北街 16 号
邮政编码:100717
http://www.sciencep.com

北京九州迅驰传媒文化有限公司 印刷
科学出版社发行 各地新华书店经销

*

2021 年 11 月第 一 版 开本:720×1000 B5
2022 年 7 月第二次印刷 印张:12 1/4
字数:229 000
定价:98.00 元
(如有印装质量问题,我社负责调换)

《舰船装备保障工程丛书》编委会

名誉主编：徐滨士
主　　编：朱石坚
副 主 编：李庆民　黎　放
秘　　书：阮旻智
编　　委：(按姓氏汉语拼音排序)
　　　　　曹小平(火箭军装备部)
　　　　　陈大圣(中国船舶工业综合技术研究院)
　　　　　辜家莉(中国船舶重工集团719研究所)
　　　　　胡　涛(海军工程大学)
　　　　　贾成斌(海军研究院)
　　　　　金家善(海军工程大学)
　　　　　刘宝平(海军工程大学)
　　　　　楼京俊(海军工程大学)
　　　　　陆洪武(海军装备部)
　　　　　马绍力(海军研究院)
　　　　　钱　骅(中国人民解放军91181部队)
　　　　　钱彦岭(国防科技大学)
　　　　　单志伟(陆军装甲兵学院)
　　　　　王明为(中国人民解放军91181部队)
　　　　　杨拥民(国防科技大学)
　　　　　叶晓慧(海军工程大学)
　　　　　张　磊(中国船舶工业集团708研究所)
　　　　　张　平(中国船舶重工集团701研究所)
　　　　　张怀强(海军工程大学)
　　　　　张静远(海军工程大学)
　　　　　张志华(海军工程大学)
　　　　　朱　胜(陆军装甲兵学院)
　　　　　朱晓军(海军工程大学)

《舰船装备保障工程丛书》序

舰船装备是现代海军装备的重要组成部分，是海军战斗力建设的重要物质基础。随着科学技术的飞速发展及其在舰船装备中的广泛应用，舰船装备呈现出结构复杂、技术密集、系统功能集成的发展趋势。为使舰船装备能够尽快形成并长久保持战斗力，必须为其配套建设快速、高效和低耗的保障系统，形成全系统、全寿命保障能力。

20 世纪 80 年代，随着各国对海军战略的调整以适应海军装备发展需求，舰船装备保障技术得到迅速发展。它涉及管理学、运筹学、系统工程方法论、决策优化等诸多学科专业，现已成为世界军事强国在海军装备建设发展中关注的重点，该技术领域研究具有前瞻性、战略性、实践性和推动性。

舰船装备保障的研究内容主要包括：研制阶段的"六性"设计，使研制出的舰船装备具备"高可靠、好保障、有条件保障"的良好特性；保障顶层规划、保障系统建设，并在实践中科学运用保障资源开展保障工作，确保装备列装后尽快形成保障能力并保持良好的技术状态；研究突破舰船装备维修与再制造保障技术瓶颈，促进装备战斗力再生。舰船装备保障能力不仅依赖于装备管理水平的提升，而且取决于维修工程关键技术的突破。

当前，在舰船装备保障管理方面，正逐步从以定性、经验为主的传统管理向综合运用现代管理学理论及系统工程方法的精细化、全寿命周期管理转变；在舰船装备保障系统设计上，由过去的"序贯设计"向"综合同步设计"的模式转变；在舰船装备故障处理方式上，由过去的"故障后修理"向基于维修保障信息挖掘与融合技术的"状态修理"转变；在保障资源规划方面，由过去的"过度采购、事先储备"向"精确化保障"转变；在维修保障技术方面，由过去的"换件修理"向"装备应急抢修和备件现场快速再制造"转变。

因此，迫切需要一套全面反映海军舰船装备保障工程技术领域进展的丛书，系统开展舰船装备保障顶层设计、保障工程管理、保障性分析，以及维修保障决策与优化等方面的理论与技术研究。本套丛书凝聚了撰写人员在长期从事舰船装备保障理论研究与实践中积累的成果，代表了我国舰船装备保障领域的先进水平。

中国工程院院士
波兰科学院外籍院士

2016 年 5 月 31 日

前　言

随着大型舰船的入列服役，如何高效、有力地保障我国海军快速发展越来越先进的装备系统，已经成为一个重要问题。在装备综合保障中，备件是部队成系统、成建制形成作战能力和保障能力的物质基础。计算备件需求量是备件保障工作的关键环节。

本书共9章。第1章为绪论。第2～5章在单元级层面介绍备件需求量计算方法。第2章针对的是新品单元，涉及备件保障概率、备件利用率等保障指标，适用于指数分布等常见寿命分布类型的单元，方法的关键概念是卷积；第3章针对的是旧品单元，方法的核心概念是剩余可靠度和卷积，适用于伽马分布等常见寿命分布类型的单元；第4章针对的是有寿件，该方法综合考虑到寿更换和故障更换这两种情况；第5章针对的是可修复单元，基于修复概率，通过计算故障发生概率和故障件修复数量，完成备件需求量计算；第6章以两级保障为背景，按照长期列装场景和短期任务场景，针对连续补给和一次性补给介绍各自的方法；第7章在部件级层面介绍备件需求量计算方法，针对串联、并联等可靠性连接形式，实现部件内各单元备件数量的优化。第2～7章的方法一般应用于执行任务前，第8章的方法应用于任务执行完毕以后，可解决"备件保障任务实际执行结果与事前预期效果是否一致"等问题，事前的备件需求预测与事后的备件保障评估形成闭环后，能进一步提高备件规划工作的质量；第9章为全书总结。

本书是海军工程大学李庆民教授、张志华教授所率领的综合保障团队在备件保障方向多年工作的总结。第1章由徐立撰写；第2章由徐立、翟亚利、张光宇撰写；第3章由张光宇、刘天华撰写；第4章由刘天华、张光宇撰写；第5章由邵松世、刘天华撰写；第6章由翟亚利、徐立撰写；第7章由徐立、翟亚利、李华撰写；第8章由李华、邵松世撰写；第9章由李华撰写；全书由李华统稿，徐立、翟亚利负责书中算例的仿真验证，王艳负责校对工作。感谢阮旻智、李大伟、彭英武、刘君、刘任洋、毛德军、葛恩顺、王睿、王慎、周亮、黄傲林、任海东、袁伟、冉磊、盛伟杰、夏芬、李瑾慧、李璟奕等多年的支持和帮助。

限于作者水平，书中难免存在不足之处，欢迎读者批评指正。

作　者

2021年3月于武汉

目 录

《舰船装备保障工程丛书》序
前言
第1章　绪论··1
   1.1　研究背景···1
   1.2　研究现状···3
   1.3　研究内容···4
   参考文献··7
第2章　初始备件··9
   2.1　备件保障仿真模型···9
   2.2　指数型单元···11
   2.3　非指数型单元···13
      2.3.1　伽马型单元···16
      2.3.2　正态型单元···18
      2.3.3　对数正态型单元···21
      2.3.4　韦布尔型单元···27
   2.4　多装机数···39
      2.4.1　整体换件···39
      2.4.2　部分换件···42
   2.5　小结···46
   参考文献··46
第3章　后续备件··47
   3.1　剩余寿命···47
   3.2　卷积与后续备件需求量···49
   3.3　常见寿命类型的后续备件需求量···50
      3.3.1　伽马型单元···50
      3.3.2　正态型单元···52
      3.3.3　韦布尔型单元···55
      3.3.4　对数正态型单元···57
      3.3.5　指数型单元···60
   3.4　小结···62

参考文献 … 62

第 4 章 有寿件 … 63
4.1 有寿件的备件保障仿真模型 … 63
4.2 伽马近似法 … 66
4.3 正态近似法 … 67
4.4 评估备件保障效果 … 69
4.5 计算备件需求量 … 80
4.6 小结 … 87
参考文献 … 87

第 5 章 可修复备件 … 88
5.1 备件保障仿真模型 … 88
5.2 二次分布与备件需求量 … 91
5.3 小结 … 97
参考文献 … 97

第 6 章 常见的备件补给策略 … 98
6.1 连续补给 … 98
6.1.1 长期列装场景 … 98
6.1.2 短期任务场景 … 106
6.2 一次性补给 … 116
6.2.1 备件供应方 … 117
6.2.2 装备使用方 … 121
6.3 小结 … 126
参考文献 … 126

第 7 章 部件级的备件需求 … 127
7.1 优化方法 … 127
7.1.1 边际优化法 … 127
7.1.2 遗传算法 … 129
7.2 串联部件 … 131
7.3 并联部件 … 136
7.4 混联部件 … 140
7.5 多约束条件下的备件需求 … 145
7.5.1 边际搜索法 … 146
7.5.2 遗传算法 … 156
7.6 小结 … 170
参考文献 … 170

第 8 章　备件保障的事后评估 ·· 171
　8.1　问题简述 ·· 171
　8.2　事后评估方法 ··· 172
　8.3　应用说明 ·· 177
　8.4　小结 ··· 179
　参考文献 ··· 179
第 9 章　总结 ·· 180

第1章 绪 论

1.1 研究背景

科技变革的加速发展,加快了高新技术装备的研制和现有装备的改造,极大地推进了装备建设由数量规模型向质量效益型转变。与此同时,与装备处于同等重要地位的维修保障在观念、方式、手段等方面也在发生着深刻的变化,展现出新的发展趋势——装备保障及时化、综合化、精确化和经济性。自第四次中东战争之后,美军装备保障思想就从"越多、越快、越好"向"适时、适地、适量"的后勤保障转变,海湾战争之后美军正式提出了"精确保障"的概念。在伊拉克战争中,美军以"精确保障"取代"规模保障",通过全资可视化信息平台,比较精确地保障了美军作战行动,引起了世界各国的高度重视。我国近几年的国防白皮书中都明确提出了按照体系保障、精确保障和集约保障的要求提高综合保障信息化水平。

精确保障就是在准确的时间、准确的地点为部队提供准确数量的资源和技术保障活动。精确是相对于传统的粗放规模型保障而言的,并非达到完全准确,而是尽可能使装备保障的供求之间达成或接近一致,尽可能用最小的资源消耗,以最少的经费投入,最大限度地满足装备保障要求,达到最佳的效费比。因此,实现精确保障一直是世界各国保障领域追求的目标。

作为精确保障的基础与关键性工作,如何准确进行备品备件配置是当前维修保障研究中的一个热点问题,也是一直困扰世界各海军强国实现精确保障的关键。美国海军海上系统司令部(Naval Sea Systems Command,NAVSEA)统计表明,舰艇两次等级修理间的三年左右的在航期间,60%的备件需求不能得到满足,舰船备件只有8%满足了故障维修的需求,有92%的备件没有被用到。某国海军从他国采购的舰艇中,20%因为备件不足无法修理而无法使用。在航空领域,全球民航业储存了500亿美元的备件,约占航空公司75%的库存资金和25%的流动资金,但实际上大部分航空备件的利用率和周转率极低,只有25%的航空备件被使用,航空备件管理存在紧急缺货或过度积压等问题。为了有效消除备件配备不合理现象,美方相关部门最早制定了相应的初始备件供应规划标准,如《初始供应保障通用要求》(MIL-STD-1375)、《国防部统一的供应程序》(MIL-STD-1561B)。近年来,为了进一步改进备件预测过程,减少备件寿命周期内需求预测的系统性缺陷,美国国会在《2010 财年国防授权法》要求国防部制订计划，对备件需求预测程序进行全面的评审，并要求在预测方法、评估指标、预测机制、库存设置和备件供应商五个方面采取改进措施。美国海军已相继研发了"基于需求的方法""以可用度为中心的方法"以及"基于战备完好性的方法"等装备备件需求确定方法。近年来还研究了"多层次基于战备完好性的备件配备模型"等方法，相关资料显示，模型改进后，"密集阵"近程武器系统和"宙斯盾"系统的使用可用度均得到大幅提升。

20 世纪 60 年代以来，国内外装备部门已经认识到缺乏备件或者备件囤积而造成的经济损失和周转能力降低的问题，深知开展备件综合管理研究的重要意义，并已开展了大量的研究。国内外对备件综合管理研究主要包括两个方面：一是备件需求量预测，其目的是结合备件消耗规律、历史数据、相关影响参数等预测某一段时间的备件需求量，避免备件采购与实际需求产生偏差；二是备件配置管理，其目的是依据装备当前的规模和需求，结合站点分布特征，将采购的备件进行合理分配，以达到在保证装备使用效能的前提下，合理实现备件库存管理。

装备维修保障体系经过几十年的建设，已经形成了一定的规模、具备了一定的能力，尤其是在备件需求理论与实践方面也取得了许多研究成果，并出现了相关国家军用标准，为备件保障工作奠定了良好的基础。例如，《装备保障性分析》(GJB 1371—92)从程序上明确了新研装备保障方案和相关保障资源的确定过程；《备件供应规划要求》(GJB 4355—2002)作为《装备保障性分析》的配套标准，更加详细地提供了备件品种与配置数量的确定方法和程序[1]。上述标准为装备保障部门和使用单位确定备件数量提供了有益的参考依据。然而，也应当认识到这些标准还存在许多问题，特别是在大型复杂装备的备件品种与数量确定方法、全寿命备件需求预测方法等方面还存在明显的不足。深入分析当前备品备件配置存在的问题发现，造成备件配置不合理的原因主要有以下方面：

(1) 现有的备件需求预测理论不完善，需求预测技术"不好用"。部分备件预测模型不仅形式复杂，而且预测能力有限。例如，在工程中较为常见分布类型的备件需求模型中，除了寿命服从指数分布的备件具有精确的预测模型以外，其他常见服从韦布尔分布、正态分布、伽马分布等寿命分布类型的备件精确预测模型形式都比较复杂，实际工程中难以使用。

(2) 为了方便工程使用，通常采用近似方法预测非指数类型的备件需求量。然而实践表明，这些工程近似方法的精度不高，预测误差较大，造成备件需求预测结果"不能用"的现象十分突出，实际中依靠主观经验或基准装备进行推断的现象较为普遍。

(3) 当前装备系统备件配置常常采用单项法分析，较少从装备全系统全寿命角度定量分析装备系统的备件配置方案，导致备件的供应与储备策略不合理，造成现有常见的备件配置技术确定的装备备件配置方案不合理，使用方在实际中"不敢用"的现象尤为突出。

(4) 随着装备信息化程度的提高，装备种类、型号不断增多，装备结构不仅有串联结构，还有并联、混联等多种结构类型，常见装备关重件串联结构系统的研究方法不能满足多种装备结构的应用场景，容易造成计算偏差。

由此可见，当前在备件需求预测和装备备件配置方案制订等方面还存在着许多问题，实际中装备备件短缺或积压浪费现象较为普遍。如何做到准确而又方便地预测装备备件需求，以及科学合理地进行备件配置，实现备件的精确保障，有效降低全寿命周期费用，成为当前亟待解决的问题。

1.2 研究现状

备件预测作为装备综合保障的重点内容之一，同时也是合理制订备件计划采购和供应的重要参考。随着装备相关行业的稳步发展，备件预测技术也得到了长足的进步。如图 1.2.1 所示，备件预测技术目前主要可概括为基于经验的备件预测、基于历史数据的备件预测、基于解析方法的备件预测和基于仿真方法的备件预测。

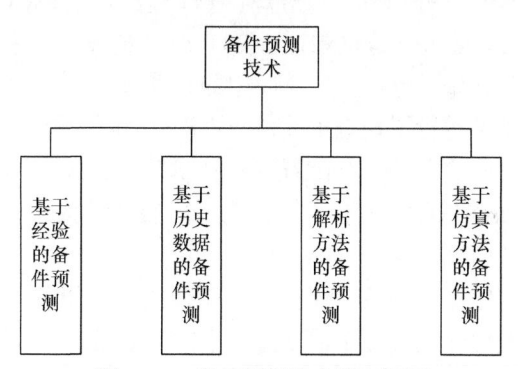

图 1.2.1　备件预测技术研究框架

(1) 基于经验的备件预测是最基本且较为常见的预测方法。一般选取相似的典型装备作为基准系统，对其备件需求进行研究，利用相似方法对待测系统的备件需求进行预测。

(2) 基于历史数据的备件预测是通过分析和提取过去一段时间内备件消耗随时间变化的特征，探究备件消耗变化规律，预测未来一段时间内备件的需求。通常采用指数平滑法、Bootstrapping[2-4]、人工神经网络[5]、支持向量机[6]、灰色模型 GM(1,1)和贝叶斯[7]等方法开展。

(3) 基于解析方法的备件预测是根据备件寿命分布，在备件故障率等相关特征参数等已知的情况下，利用解析式计算备件需求量，如泊松分布、指数分布、韦布尔分布和正态分布等均有相应的解析式[8]。

(4) 基于仿真方法的备件预测是通过搭建备件实际消耗过程仿真模型，通过蒙特卡罗、离散事件仿真等方法开展备件消耗过程模拟研究，给出目标任务时间内的备件消耗结果，从而对备件需求进行预测。

备件配置管理是装备综合保障体系中的另一工作重点，其目的是实现不同站点备件的合理分配，使得备件库存保持在一个安全有效的水平，避免库存紧张或资源浪费现象，确保装备在发生故障时能够及时获取备件，提高维修保障效率。如图 1.2.2 所示，目前国内外的研究内容主要包括基于解析方法的备件库存配置管理、基于仿真方法的备件库存配置管理和基于智能优化算法的备件库存配置管理。

(1) 基于解析方法的备件库存配置管理技术主要源于美国兰德公司为美国空军研制的多级库存管理理论[9]——METRIC(multi-echelon technique for recoverable item control)。METRIC 理论被广泛应用于复杂装备的备件配置管理，如欧洲的海军及空军广泛应用的 OPUS 软件。在随后的使用过程中，其针对具体的使用条件进行了相应拓展，如放宽了无限维修总体的假设条件等[10]。

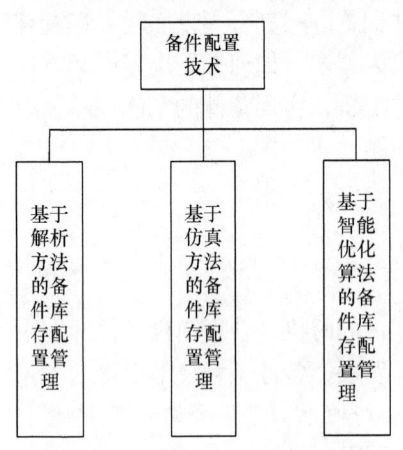

图 1.2.2　备件配置技术研究框架

(2) 基于仿真方法的备件库存配置管理技术针对解析方法适用范围较为有限的前提条件，构建装备保障过程模型，同时考虑装备结构、零部件寿命分布、备件使用策略及维修方案等因素。

(3) 基于智能优化算法的备件库存配置管理技术采用备件配置的优化算法，开展不同站点的备件配置方案优化研究。该技术广泛采用了遗传算法、粒子群算法和启发式算法等智能优化算法。

1.3　研究内容

备件是维修装备及其主要成品所需的元器件、零件、组件或部件等的统称。它包括新购置的尚未使用的零部件和故障件修复后转入储存的零部件。备件是维修器材的重要组成部分，是保障资源配置的核心。备件涉及种类繁多，可根据其使用性质、重要度等进行分类。常见的分类方法主要有以下八种：

(1) 按备件使用性质可分为战备储备备件、正常周转备件和随机备件。

(2) 按备件是否可修可分为可修备件和不可修备件。
(3) 按备件的结构属性可分为电子件备件、机械件备件、橡塑件备件等。
(4) 按备件的重要度可分为关键备件或非关键备件。
(5) 按备件的需求可分为紧急需求备件或普通需求备件。
(6) 按备件的使用寿命可分为一次件、三次件、五次件等。
(7) 按备件的保障时间段可分为初始备件和后续备件。
(8) 按备件的寿命分布可分为指数型备件、韦布尔型备件和正态型备件等。

确定备件需求可看成一个涉及多种因素的决策问题，它不仅取决于装备自身的可靠性，同时还受装备的储存和工作环境、使用强度、维修能力和管理水平等因素的影响。从理论方法上，需要综合使用可靠性理论、库存论、概率论、排队论、动态规划和随机过程等。

为了合理配置备件，必须准确掌握备件的故障规律，确定各类备件的重要程度，可从装备的寿命分布类型入手[11]。在各类装备中，电子类装备的寿命一般服从指数分布，如印制电路板插件、电子部件、电阻、电容和集成电路等。对于装备的许多零部件而言，尽管其寿命在处于偶然失效期内可用指数分布来近似刻画，但对于大部分机电类零部件，如滚珠轴承、继电器、开关、电子管、蓄电池等，其失效常常由磨损累计失效等原因造成，其寿命一般服从韦布尔分布。对于机械类零部件，如变压器、灯泡、晶体管、汇流环、齿轮箱和减速器等，这些零部件的失效常常是由腐蚀、磨损、疲劳而引起的，因此一般认为其寿命分布服从正态分布。此外，在装备中还存在许多零部件，其寿命分布服从伽马分布和对数正态分布等其他常用分布。

装备备件的需求数量通常是以一定可靠性、维修性和保障性的度量指标为依据来确定的。作为备件的供应方，通常关心反映备件供应能力的指标，如备件保障概率(也称备件保障度或备件满足率)、期望短缺数等；从备件使用方的角度，却更加关注反映装备战备完好的指标，如战备完好率、使用可用度、任务成功概率、平均后勤延误时间等[12]。不同的指标从不同角度和侧面共同反映了保障能力的大小与要求。选择科学合理的效能指标是确定备件需求量的前提。

无论是较小的零部件，还是大型的复杂系统，都需要配置备品备件以确保装备的使用可用度、战备完好性和任务成功性等使用特性。本书把系统层级结构中最底层的零部件称为单元，而系统备件的确定归根到底也是由单元的备件需求数量决定的。因此，单元级的备件需求量计算方法是研究备件配置的基础。概括来讲，备件需求量计算方法主要包括解析方法与仿真方法。按照单元是否可修，备件分为不可修单元与可修单元。

针对不可修单元，单元一旦失效就无法再次使用，属于消耗品。因此，备件的需求数量主要取决于单元自身的可靠性——寿命分布。不同的寿命分布，备件的消耗规律也不相同。常见的寿命分布包括指数分布、正态分布、韦布尔分布和对数正态分布等。通常采用更新过程理论得到各种分布类型单元的保障度模型[13]。在这些分布类型中，指数分布和正态分布类型的备件模型形式简单，求解方便，应用最为广泛。甚至有些非指数类单元在制定备件消耗定额时也都以指数分布模型为参考标准。其他几种典型分布类型的备件模型形式较为复杂，难以通过解析计算得到封闭解。例如，韦布尔分布的更新函数是一个多重无穷级数，求解困难。在无法得到确切解的情况下，在原有研究基础之上提出了一些近似算法[14]，如扩展三次样条算法、生成函数算法和幂级数展开等近似方法。但由于实施条件复杂、具有离散化误差或者计算量过大等，这些方法未能得到广泛应用。国军标《备件供应规划要求》中针对这些分布类型的备件也给出了相应的近似计算方法，但却存在预测时间短和预测精度不高等缺点。

针对可修单元，由于失效通过维修后可以重复使用，确定其备件的需求数量时，不仅要考虑单元自身的寿命分布，还要考虑维修因素的影响，如维修时间与维修级别。当单元故障率、维修率均是常数时(后勤延误时间忽略不计)，马尔可夫过程和排队论是最常用的方法。同时，针对不同的应用条件分别建立了多阶段任务下的备件保障概率模型、METRIC模型族和可修单元的任务可靠度模型等[15]。

当单元故障或维修时间不服从指数分布，而是其他常见寿命分布时，在此情况下，其备件需求已不再是马尔可夫过程，需要用其他理论和方法来处理，如更新过程、马尔可夫更新过程等。无论是不可修件还是可修件，都存在一个共性问题，即当单元寿命或维修均为指数分布时，建立模型与求解都比较方便。对于其他分布或者更加复杂的情况，常常通过各种假设来简化或采用近似的解析方法。对此，很多学者提出采用计算机仿真的手段，对单元的寿命或使用过程进行大量模拟，能够解决更加复杂的问题。虽然仿真方法在很大程度上能够弥补解析方法假设过多的缺点，也可以用来验证解析法得到的结果，是一种有效的手段，但是在研究系统的备件需求时，当系统备件种类较多时，容易出现组合爆炸的情况，开展仿真运算时，耗时长，效率低，更不利于工程化。

对于不同结构类型的系统，大多数保障效果评估模型是在单元为指数分布的前提下建立的，如METRIC模型。针对不同寿命分布单元，通常采用适当简化的方法，采用状态枚举和概率统计的方法推导出备件需求的解析表达式，得到近似的结果，虽然该结果与实际较为接近，但该方法计算复杂且不能进行全寿命的备件预测，具有很大的局限性。针对复杂系统，一般认为系统的备件保障概率模型是由各分单元的保障概率综合而成的，提出根据备件的费用、体积和质量等综合因素将系统的保障概率如同可靠性一样自上而下定量分配到各个分单元，建立适用于不同指数分布单元串联系统保障概率的分配模型，采用动态规划的优化方法得到备件的配置方案。总体来看，当前针对系统备件配置方法的研究，主要还是以指数分布组成的各类系统为主，并且系统结构比较简单，以常见的串联系统、表决系统居多。

本书针对装备综合保障领域备件保障方向最基础的问题"如何计算备件需求量"，在单元级层面上给出了不同寿命分布类型备件的需求量计算方法。首先，建立基于备件使用过程的仿真模型，可模拟备件保障概率、备件利用率等常见的备件保障指标；然后，针对单元寿命服从指数分布、正态分布、韦布尔分布等常见分布类型，介绍初始备件、后续备件、有寿件、可修复备件的备件需求量计算方法，连续补给和一次性补给两种备件补给策略下的计算方法，由单元级提升到部件级的计算方法，并针对不同结构部件开展备件需求计算研究。最后，给出任务执行完毕后的备件保障事后评估方法。

参 考 文 献

[1] 杨秉喜, 李金国, 张义芳, 等. 备件供应规划要求: GJB 4355—2002[S]. 北京: 中国人民解放军总装备部, 2003.

[2] Hasni M, Aguir M S, Babai M Z, et al. Spare parts demand forecasting: A review on bootstrapping methods[J]. International Journal of Production Research, 2019, 57(15-16): 4791-4804.

[3] Hasni M, Babai M Z, Aguir M S, et al. An investigation on bootstrapping forecasting methods for intermittent demands[J]. International Journal of Production Economics, 2019, 209: 20-29.

[4] Hasni M, Aguir M S, Babai M Z, et al. On the performance of adjusted bootstrapping methods for intermittent demand forecasting[J]. International Journal of Production Economics, 2019, 216: 145-153.

[5] Chen F L, Chen Y C, Kuo J Y. Applying moving back-propagation neural network and moving fuzzy neuron network to predict the requirement of critical spare parts[J]. Expert Systems with Applications, 2010, 37(9): 6695-6704.

[6] Yu L A, Yang Z B, Tang L. Prediction-based multi-objective optimization for oil purchasing and distribution with the NSGA-II algorithm[J]. International journal of information technology & decision making, 2016, 15(2): 423-451.

[7] Boutselis P, McNaught K. Using Bayesian networks to forecast spares demand from equipment failures in a changing service logistics context[J]. International Journal of Production Economics, 2019, 209: 325-333.

[8] 张建军, 李树芳, 张涛, 等. 备件保障度评估与备件需求量模型研究[J]. 电子产品可靠性与环境试验, 2004, 22(6): 18-22.

[9] Sherbrooke Craig C. 装备备件最优库存模型——多级技术[M]. 2版. 北京: 电子工业出版社, 2008.

[10] Costantino F, Di Gravio G, Tronci M. Multi-echelon, multi-indenture spare parts inventory control subject to system availability and budget constraints[J]. Reliability Engineering & System Safety, 2013, 119(11): 95-101.

[11] 甘茂治, 康建设, 高崎. 军用装备维修工程学[M]. 北京: 国防工业出版社, 2010.
[12] 丁定浩, 陆军. 装备寿命周期使用保障的理论模型和设计技术[M]. 北京: 电子工业出版社, 2011.
[13] Cox D R. Renewal theory[M]. New York: John Wiley & Sons, 1962.
[14] Tortorella M. Numerical solutions of renewal-type integral equations[J]. INFORMS Journal on Computing, 2005, 17(1): 66-74.
[15] Sherbrooke C C. VARI-METRIC: Improved approximations for multi-indenture, multi-echelon availability models[J]. Operations Research, 1986, 34(2): 311-319.

第 2 章 初 始 备 件

备件需求量是指满足备件保障指标要求的最小备件数量。在当前众多的备件需求量计算方法中，如果没有特意声明，备件需求量指的都是初始备件需求量。所谓初始是指装备为新列装装备，还未投入使用，属于新品，装备累积工作时间处于时间轴的零点位置。此时，装备和备件都为新品。为即将服役的装备筹划初始备件是计算初始备件需求量的典型场景之一。本章针对初始备件，在以下方面展开论述：

(1) 基于备件使用过程的备件保障仿真模型。
(2) 备件保障概率的两种数学解释。
(3) 常见寿命分布单元的备件需求量计算方法。

一般采用产品结构树来描述装备的层次结构，按照层次从高到低的次序可以分为设备、部件、组件、零件(或元器件)。在全书中，把处于最底层的可更换零件称为单元，假定单元寿命服从某种概率分布，并以此为基础，以概率论和数理统计为基本手段计算备件需求量。

2.1 备件保障仿真模型

当单元寿命服从不同的分布时，初始备件需求量计算公式的形式、复杂程度也随之不同。但以下的备件保障仿真模型能"以不变应万变"，同一个仿真模型能模拟单元寿命服从任意分布的备件保障效果。该仿真模型的场景是装备使用现场，在单元层级模拟单元在工作期间发生故障后，用备件开展换件维修修复故障的备件保障过程。单元级备件保障过程简而言之就是单元每发生一次故障，如果还有备件，就立刻开展换件维修。该过程的终止条件为：到达任务结束时刻或者故障发生后，无备件可用。

作以下约定：计划保障的时间长度记为 Tw，有时也称为任务时间，以此来描述在保障任务期间对单元工作强度的预期；已知单元的寿命分布规律。

备件保障仿真模型具体介绍如下。

(1) 初始化。

令单元累积工作时间 dyTw=0，仿真时间 simTw=0，发生的故障次数 Ng=0，消耗的备件数量 Sx=0。按照单元的寿命分布规律产生一个随机数模拟装备上的单元寿命，寿命记为 x。初始备件数量记为 S，当前备件数量记为 s，令 $s=S$。

(2) 模拟发生故障。

令 simTw=simTw+x，dyTw=dyTw+x，此时 simTw 是故障发生时刻。若 simTw≥Tw，因故障发生在任务结束时刻之后，故终止仿真，转(4)；否则，令 Ng=Ng+1，执行(3)。

(3) 模拟换件维修。

若当前备件数量 $s>0$，则有备件可用，可开展换件维修工作。消耗 1 个备件，令 $s=s-1$，Sx=Sx+1，并按照该类单元寿命分布规律产生一个新的随机数 x，用于模拟换上的备件寿命。实际工作中，从故障发生开始，相继完成故障定位、换件维修等都会消耗一定的时间。若维修耗时也服从某种概率分布函数，则以产生随机数的方式模拟本次维修耗时。本次维修耗时记为 t，令 simTw=simTw+t，此时 simTw 为维修完毕时刻。若 simTw<Tw，则 simTw 也是恢复工作时刻，执行(2)；否则，仿真时钟到达任务结束时刻，终止仿真，转(4)。

(4) 终止仿真，对相关结果进行统计。

若 dyTw≥Tw，则令单元成功完成任务的标志 dyFs=1，修正 dyTw=Tw；否则，令单元成功完成任务的标志 dyFs=0。

多次重复运行仿真模型后，可统计得到平均故障次数、平均备件消耗数量，dyTw 的均值是任务期内单元的平均工作时间，dyFs 的均值是单元成功完成任务的概率即任务成功率，记为 dyPs。

在备件保障理论研究中，一般假定换件维修耗时为零，这样可以简化问题，抓住备件供应是否充足这个主要关注点。不过，这样一来会带来当备件保障概率趋向 1 时，备件数量趋向无穷大的理论结果。一旦考虑换件维修必然耗时的因素，备件需求量则必然存在一个上限值。在本书中，除非事先声明，否则约定维修耗时为零。

在评估备件保障效果时，常见的指标有备件保障概率、使用可用度和备件利用率。

备件保障概率是在规定的时间内，需要备件时不缺备件的概率，亦称备件满足率[1]。

使用可用度一般用装备正常工作时间所占的比例来表达，在本书中用任务期内的实际累积工作时间与任务时间的比值来表达。

备件利用率是消耗的备件数量与备件总数量的比值。无论是采购备件还是贮存备件，都涉及费用，因此备件利用率通常用来衡量备件方案的经济效率。工商业领域往往追求备件低库存甚至零库存，就是想通过提高备件利用率，降低备件库存费用，从而降低备件相关资金的占用时间，达到加快资金周转、提高资金利用率的目的。

备件保障概率是从备件供应的角度描述保障效果,描述的是当产生备件需求时能否"有求必应"的概率。显然,当所有的备件需求都得到满足时,该单元必然成功完成任务。从这个意义来说,单元级备件保障概率的物理含义是单元执行任务成功的概率,即某单元的备件保障概率就是该单元的任务成功率。

任务成功率和使用可用度是从工作的角度描述保障效果。前者关注的是任务成功与否,类似于以合格与不合格来评定考试成绩;后者以执行任务的时间比例来描述,类似于以分数来评定考试成绩。这两个指标都属于战备完好性指标,无所谓高低、好坏,只是形式不同而已。前者尤其适合那些成败型任务,后者常见于评价长期列装时连续工作的装备。

2.2 指数型单元

一般来说,正常使用的电子零部件都属于指数寿命件,如印制电路板插件、电子部件、电阻、电容、集成电路等[1]。指数型单元是指寿命服从指数分布 $\text{Exp}(a)$ 的单元,参数 a 的物理含义是寿命均值。在概率论中,通常把寿命小于 x 的概率函数称为分布函数,记为 $F(x)$。对于指数分布而言,密度函数为 $f(x) = \frac{1}{a} e^{\frac{-x}{a}}$,分布函数为 $F(x) = 1 - e^{\frac{-x}{a}}$,其可靠度 $R(x)$ 是寿命大于 x 的概率,$R(x) = 1 - F(x)$。

无论单元寿命服从何种分布,计算备件需求量的步骤都大致相同。以保障指标是备件保障概率为例,从备件数量等于 0 开始逐一增加备件数量,并同时计算对应的备件保障概率,当备件保障概率首次超过保障指标时,对应的备件数量就是备件需求量。其中的关键在于如何计算单元寿命服从不同分布时与备件数量对应的备件保障概率。

指数型单元的备件需求量计算方法是大多数备件保障文献资料首先介绍的。当备件数量为 S 时,其备件保障概率为

$$\text{Ps} = \sum_{j=0}^{S} \frac{(\text{Tw}/a)^j}{j!} e^{-\frac{\text{Tw}}{a}} \tag{2.2.1}$$

式(2.2.1)来源于数学上的一个结论:当寿命服从指数分布时,其故障发生次数服从泊松分布。

泊松分布是 1837 年由法国数学家泊松首次提出的[2]。泊松分布的概率分布列为

$$P(X = j) = \frac{\lambda^j}{j!} e^{-\lambda} \tag{2.2.2}$$

对于泊松分布而言，很容易验证其和为1。

$$\sum_{j=0}^{\infty}\frac{\lambda^{j}}{j!}e^{-\lambda}=e^{-\lambda}\sum_{j=0}^{\infty}\frac{\lambda^{j}}{j!}=e^{-\lambda}e^{\lambda}=1$$

对比式(2.2.1)和式(2.2.2)发现，只要令 $\lambda=\dfrac{\text{Tw}}{a}$，两者在形式上就完全相同。因此，可以从故障发生次数的角度对式(2.2.1)进行解读：只要故障次数不大于备件数量，因发生故障而产生的备件需求就能得到满足，备件保障概率也就是故障次数不大于备件数量的概率。

通过解读式(2.2.1)，还可以从理论上计算备件消耗数量的期望值，从而能从理论上计算备件利用率。

在任务期内发生 j 次故障的概率等于 $\dfrac{(\text{Tw}/a)^{j}}{j!}e^{-\frac{\text{Tw}}{a}}$；故障次数超过 S 的概率为 $\sum_{j=S+1}^{\infty}\dfrac{(\text{Tw}/a)^{j}}{j!}e^{-\frac{\text{Tw}}{a}}$，当其发生时，$S$ 个备件全部消耗完毕。因此，根据数学期望的定义，备件消耗数量 Sx 的期望值为

$$\text{Sx}=\sum_{j=0}^{S}j\frac{(\text{Tw}/a)^{j}}{j!}e^{-\frac{\text{Tw}}{a}}+S(1-\text{Ps}) \tag{2.2.3}$$

进一步，可计算出备件利用率 $\text{Px}=\dfrac{\text{Sx}}{S}$。式(2.2.1)和式(2.2.3)表明，备件保障概率和备件利用率之间并不是独立关系，两者具有相关性。备件同时具有"有备无患"和"备而不用"这两种属性，它们如同一个硬币的两面，相互依存、共同存在。可以说，一旦备件保障概率确定下来，备件利用率也随之确定下来。备件保障概率(或使用可用度)表达了"有备无患"的程度，备件利用率则表达了"备而不用"的程度。

为验证 2.1 节备件保障仿真模型的正确性，以单元寿命服从均值为 200 的指数分布、任务时间等于 1000h 为例，备件数量在 1~8 遍历取值，采用本节的理论方法计算备件保障概率和备件利用率，采用 2.1 节的备件保障仿真模型模拟任务成功率、备件利用率和备件满足率。从字面上理解，备件满足率应该等于被满足的备件需求次数与备件总需求的比值。发生一次故障就产生一次需求，因此被满足的备件需求次数也就等于消耗的备件数量，备件总需求等于发生的故障次数。结果见表 2.2.1。

表 2.2.1　指数型单元备件保障效果的理论结果和仿真结果

备件数量	理论结果		仿真结果		
	备件保障概率	备件利用率	任务成功率	备件利用率	备件满足率
1	0.040	0.99	0.044	0.99	0.522
2	0.125	0.98	0.110	0.98	0.703
3	0.265	0.94	0.263	0.94	0.816
4	0.440	0.89	0.441	0.89	0.888
5	0.616	0.82	0.616	0.82	0.936
6	0.762	0.75	0.741	0.76	0.963
7	0.867	0.68	0.857	0.69	0.982
8	0.932	0.61	0.929	0.61	0.992

由表 2.2.1 可以看出：

(1) 备件利用率的理论结果和仿真结果基本吻合。

(2) 备件保障概率的理论结果和任务成功率的仿真结果基本吻合。所有备件需求被满足也就意味着任务成功，因此这个结果在情理之中。

(3) 备件保障概率的理论结果和备件满足率的仿真结果明显不符。

《备件供应规划要求》中关于备件保障概率的定义明确指出"备件保障概率，亦称备件满足率"，因此该现象与之相矛盾。这表明，从字面上理解备件满足率，在统计消耗的备件数量和发生的故障次数后，"把两者的比值作为备件满足率的一次抽样结果"这种做法是错误的，应该统计保障任务成功的频率，并以此来描述备件满足率和备件保障概率。

表 2.2.1 同时验证了 2.1 节备件保障仿真模型的正确性。

2.3　非指数型单元

除指数分布外，常见的单元寿命类型有伽马分布、正态分布、韦布尔分布和对数正态分布等。这些分布没有指数分布与泊松分布那样的对应关系，无法直接给出其关于故障次数的概率函数，也就没有类似式(2.2.1)那种基于故障次数发生概率的备件保障概率计算方法。

仔细观察 2.1 节的备件保障仿真模型可以发现，该模型的核心是：当备件数量为 S 时，则共有 $1+S$ 个服从单元寿命分布规律的随机数 x_i，通过判断 $\sum_{i=1}^{1+S} x_i$ 是否能大于任务时间 Tw，来得到任务是否成功的仿真结果。因此，计算 s 个备件的保障概率,也就是计算 $\sum_{i=1}^{1+S} x_i > \mathrm{Tw}$ 的概率。这是一种基于累积工作时间概率分布的备件保障概率计算思路。在概率论与数理统计中,可用卷积来计算 $P\left(\sum_{i=1}^{1+S} x_i > \mathrm{Tw}\right)$。以下为连续场合的卷积公式[2]。

设 X 与 Y 是两个相互独立的连续随机变量,其密度函数分别为 $p_X(x)$ 和 $p_Y(y)$,则其和 $Z = X + Y$ 的密度函数为

$$p_Z(z) = \int_{-\infty}^{\infty} p_X(z-y) p_Y(y) \mathrm{d}y = \int_{-\infty}^{\infty} p_X(x) p_Y(z-x) \mathrm{d}x \qquad (2.3.1)$$

当备件数量为 S 时,通过多重卷积就可以计算出 $P\left(\sum_{i=1}^{1+S} x_i > \mathrm{Tw}\right)$。以备件数量为 2 为例,利用卷积计算备件保障概率,其卷积的数值积分形式为

$$1 - \int_0^{\mathrm{Tw}} \int_0^{\mathrm{Tw}-x} \int_0^{\mathrm{Tw}-x-y} f(x) f(y) f(z) \mathrm{d}z \mathrm{d}y \mathrm{d}x$$

对三重积分进行数值计算时,若每重积分之间在各自的积分区间和函数变量上都是独立不相关的,则三重积分的计算量是一重积分的三倍,是简单的线性关系。但对于卷积来说,由于各变量的积分区间是相关的,此时多重卷积的计算量是一重积分计算量的三次方。多重卷积的计算量,随着备件需求量计算过程中备件数量的逐渐增大,以指数方式剧增。这种"捅破天"式的计算量增长模式将很快耗尽计算机内存空间,计算耗时也会急剧增长。表 2.3.1 是针对指数型单元,分别以仿真、理论解析式(2.2.1)和卷积三种方式得到的备件保障概率结果和计算耗时情况。当备件数量等于 5 时,计算软件报出内存空间不足,因此备件数量限定在 1~4。表 2.3.1 中相关参数为:该单元寿命服从指数分布 Exp(300),任务时间为 1000h,仿真模型模拟 1000 次。

表 2.3.1 指数型单元三种计算方式的备件保障概率结果和计算耗时情况

备件数量	备件保障概率			计算耗时/s		
	仿真	理论解析式	卷积	仿真	理论解析式	卷积
1	0.173	0.155	0.155	0.08	0.0007	0.00
2	0.366	0.353	0.353	0.07	0.0001	0.02
3	0.539	0.573	0.573	0.09	0.0001	0.24
4	0.760	0.756	0.756	0.10	0.0001	3.33

表 2.3.2 是单元寿命服从伽马分布 Ga(1.3,200),以仿真和卷积两种方法得到的备件保障概率结果和计算耗时情况。相关参数为:任务时间为 1000h,仿真模

型模拟 1000 次。

表 2.3.2　伽马型单元两种计算方式的备件保障概率结果和计算耗时情况

备件数量	备件保障概率		计算耗时/s	
	仿真	卷积	仿真	卷积
1	0.087	0.084	0.0741	0.02
2	0.261	0.249	0.0958	0.98
3	0.497	0.477	0.1246	53.23
4	0.685	0.694	0.1321	3095.56

表 2.3.3 是单元寿命服从正态分布 $N(300,90^2)$，以仿真和卷积两种方法得到的备件保障概率结果和计算耗时情况。相关参数为：任务时间为 1000h，仿真模型模拟 1000 次。

表 2.3.3　正态型单元两种计算方式的备件保障概率结果和计算耗时情况

备件数量	备件保障概率		计算耗时/s	
	仿真	卷积	仿真	卷积
1	0.000	0.001	0.06	0.01
2	0.268	0.261	0.07	0.18
3	0.862	0.868	0.09	3.52
4	0.996	0.994	0.09	32.78

表 2.3.4 是单元寿命服从韦布尔分布 $W(300,1.8)$，以仿真和卷积两种方法得到的备件保障概率结果和计算耗时情况。相关参数为：任务时间为 1000h，仿真模型模拟 1000 次。

表 2.3.4　韦布尔型单元两种计算方式的备件保障概率结果和计算耗时情况

备件数量	备件保障概率		计算耗时/s	
	仿真	卷积	仿真	卷积
1	0.032	0.027	0.07	0.01
2	0.207	0.218	0.08	0.12
3	0.542	0.561	0.10	4.37
4	0.838	0.834	0.11	125.52

表 2.3.5 是单元寿命服从对数正态分布 $LN(5.5,0.3^2)$，以仿真和卷积两种方法得到的备件保障概率结果和计算耗时情况。相关参数为：任务时间为 1000h，仿

真模型模拟 1000 次。

表 2.3.5 对数正态型单元两种计算方式的备件保障概率结果和计算耗时情况

备件数量	备件保障概率		计算耗时/s	
	仿真	卷积	仿真	卷积
1	0.000	0.001	0.06	0.01
2	0.060	0.056	0.07	0.23
3	0.517	0.531	0.09	10.19
4	0.961	0.959	0.10	191.10

虽然各种分布的密度函数的数值计算复杂程度不同，计算耗时不尽相同，但其计算量指数增长带来的计算耗时以非线性快速增长趋势可见一斑。

2.3.1 伽马型单元

伽马分布常用来描述类似"冲击"引起的故障[3]，假如单元能经受若干次外界冲击，当单元受冲击次数累积到一定次数时就产生故障。例如，电网中存在着电涌现象，一些电子器件所承受的电涌冲击次数超过一定数量时会发生故障。伽马型单元是指寿命服从伽马分布 $\text{Ga}(a,b)$ 的单元，其密度函数 $f(x) = \dfrac{1}{b^a \Gamma(a)} x^{a-1} e^{\frac{-x}{b}}$，分布函数 $F(x) = \dfrac{1}{b^a \Gamma(a)} \int_0^x t^{a-1} e^{\frac{-t}{b}} dt$，其中参数 a 为形状参数，参数 b 为尺度参数，$\Gamma(a)$ 为伽马函数且 $\Gamma(a) = \int_0^\infty e^{-t} t^{a-1} dt$。

伽马分布的卷积可加性[2]：设随机变量 X 服从伽马分布 $\text{Ga}(a_1,b)$，随机变量 Y 服从伽马分布 $\text{Ga}(a_2,b)$，且 X 和 Y 独立，则 $Z = X + Y$ 服从伽马分布 $\text{Ga}(a_1+a_2,b)$。

由伽马分布的卷积可加性可知，当备件数量为 S 时，其累积工作时间服从伽马分布 $\text{Ga}((1+S)a,b)$，此时就不必计算多重卷积，只需计算其分布函数 $F(\text{Tw})$（一重积分）就可以得到备件保障概率 Ps，其表达式为

$$\text{Ps} = 1 - F(\text{Tw}) = 1 - \dfrac{1}{b^{(1+S)a} \Gamma((1+S)a)} \int_0^{\text{Tw}} t^{(1+S)a-1} e^{\frac{-t}{b}} dt \qquad (2.3.2)$$

此外，还可以利用 $\text{Ga}((1+S)a,b)$ 计算单元在任务期内的平均累积工作时间。把 $1+S$ 个单元视为一个寿命服从伽马分布的产品，产品的平均寿命记为 MTTF(mean time to failure)，MTTF 为[3]

$$\text{MTTF} = \int_0^\infty R(x) dx \qquad (2.3.3)$$

把式(2.3.3)中的积分上限改为任务时间,得到任务期内 1+S 个单元的平均累积工作时间 E(t) 为

$$E(t) = \int_0^{Tw} R(x)dx$$

式中,R(x) 既是 $Ga((1+S)a,b)$ 的可靠度,也是备件数量为 S 时的备件保障概率。最后,计算出任务期间的使用可用度 Pa 为

$$Pa = \frac{E(t)}{Tw} \tag{2.3.4}$$

指数型单元的备件保障概率 $Ps = \sum_{j=0}^{S} \frac{(Tw/a)^j}{j!} e^{-\frac{Tw}{a}}$ 是利用故障次数的概率计算出来的。那么反过来,也能利用备件保障概率计算出故障次数的概率。若 P_S、P_{S-1} 分别是备件数量为 S、S-1 的备件保障概率,则有

$$P_S - P_{S-1} = \frac{(Tw/a)^S}{S!} e^{-\frac{Tw}{a}}$$

即 $P_S - P_{S-1}$ 就是任务期内恰好发生 S 次故障的概率 Pg_S。由于保障失败时,所有的备件必然全部消耗完毕,因此任务期内消耗的平均备件数量 Sx 为

$$Sx = \sum_{i=1}^{S} i Pg_i + (1-Ps)S \tag{2.3.5}$$

从而计算出备件利用率 $Px = \frac{Sx}{S}$。

表 2.3.6 是利用 2.1 节的备件保障仿真模型和基于式(2.3.2)、式(2.3.4)、式(2.3.5)的解析方法得到的关于伽马型单元的备件保障概率、使用可用度和备件利用率的结果。相关参数为:单元寿命服从伽马分布 Ga(1.8,300),备件数量为 4,任务时间为 1000~3000h。表 2.3.6 中这两种方法在备件保障概率、使用可用度和备件利用率这三种备件保障效果上的结果高度吻合。

表 2.3.6 伽马型单元备件保障效果的仿真结果和解析结果

任务时间/h	备件保障概率		备件利用率		使用可用度	
	仿真结果	解析结果	仿真结果	解析结果	仿真结果	解析结果
1000	0.992	0.993	0.42	0.41	0.999	0.999
1200	0.973	0.979	0.49	0.49	0.995	0.997
1400	0.953	0.952	0.57	0.58	0.992	0.993
1600	0.904	0.908	0.64	0.65	0.982	0.985
1800	0.835	0.847	0.73	0.72	0.971	0.973

续表

任务时间/h	备件保障概率		备件利用率		使用可用度	
	仿真结果	解析结果	仿真结果	解析结果	仿真结果	解析结果
2000	0.779	0.771	0.76	0.78	0.955	0.957
2200	0.676	0.685	0.84	0.83	0.932	0.936
2400	0.588	0.593	0.88	0.87	0.905	0.911
2600	0.508	0.500	0.91	0.91	0.888	0.883
2800	0.434	0.413	0.93	0.93	0.862	0.853
3000	0.344	0.333	0.95	0.95	0.830	0.821

2.3.2 正态型单元

一般机械件的寿命分布服从正态分布规律，如汇流环、齿轮箱、减速器等[1]。正态型单元是指寿命服从正态分布 $N(a,b^2)$ 的单元，其密度函数 $f(x)=\dfrac{1}{b\sqrt{2\pi}}e^{\dfrac{-(x-a)^2}{2b^2}}$，分布函数 $F(x)=\dfrac{1}{b\sqrt{2\pi}}\int_0^x e^{\dfrac{-(t-a)^2}{2b^2}}dt$，其中参数 a 的物理含义是寿命均值，参数 b 的物理含义是寿命根方差，描述了寿命在均值附近的集中与分散程度。正态分布是统计学中应用最广的一种分布。

正态分布有着和伽马分布一样的卷积可加性。

正态分布的卷积可加性[2]：设随机变量 X 服从正态分布 $N(a_1,b_1^2)$，随机变量 Y 服从正态分布 $N(a_2,b_2^2)$，且 X 和 Y 独立，则 $Z=X+Y$ 服从正态分布 $N(a_1+a_2, b_1^2+b_2^2)$。

因此，上述适用于伽马型单元的备件保障效果评估思路，同样也适用于正态型单元。当备件数量为 S 时，其累积工作时间服从正态分布 $N((1+S)a,(1+S)b^2)$，通过计算其分布函数 $F(Tw)$ 得到备件保障概率 Ps 为

$$Ps = 1-F(Tw) = 1-\frac{1}{b\sqrt{2\pi(1+S)}}\int_0^{Tw} e^{\frac{-(t-(1+S)a)^2}{2(1+S)b^2}}dt$$

表 2.3.7 是分别用仿真法和解析评估法在备件保障概率、备件利用率和使用可用度这三种备件保障指标上的结果。相关参数为：单元寿命服从正态分布 $N(540, 180^2)$，备件数量为 4，任务时间为 1000~3000h。表 2.3.7 中这两种方法在备件保障概率、备件利用率和使用可用度这三种备件保障效果上的结果高度吻合。

表 2.3.7　正态型单元备件保障效果的仿真结果和解析结果

任务时间/h	备件保障概率 仿真结果	备件保障概率 解析结果	备件利用率 仿真结果	备件利用率 解析结果	使用可用度 仿真结果	使用可用度 解析结果
1000	1.000	1.000	0.34	0.35	1.000	1.000
1200	0.999	1.000	0.44	0.44	1.000	1.000
1400	1.000	0.999	0.54	0.54	1.000	1.000
1600	0.997	0.997	0.63	0.63	1.000	1.000
1800	0.990	0.987	0.72	0.72	0.999	0.999
2000	0.957	0.959	0.80	0.80	0.997	0.997
2200	0.882	0.893	0.88	0.88	0.990	0.991
2400	0.775	0.772	0.94	0.94	0.980	0.978
2600	0.632	0.598	0.97	0.97	0.959	0.956
2800	0.389	0.402	0.99	0.99	0.924	0.923
3000	0.213	0.228	1.00	1.00	0.879	0.882

在《备件供应规划要求》(GJB 4355—2002)中，计算寿命服从正态分布 $N(\mu,\sigma^2)$ 产品单元备件需求量 S 的公式为[1]

$$S = \frac{t}{\mu} + u_P\sqrt{\frac{\sigma^2 t}{\mu^3}} \tag{2.3.6}$$

式中，μ 为寿命均值；σ 为根方差；t 为保障任务时间；P 为备件保障概率；u_P 为正态分布分位数。常用的标准正态分布分位数见表 2.3.8。

表 2.3.8　常用的正态分布分位数表

P	0.8	0.9	0.95	0.99
u_P	0.84	1.28	1.65	2.33

式(2.3.6)的思路也是利用了正态分布的卷积可加性，并把 $N((1+S)\mu,(1+S)\sigma^2)$ 变形为标准正态分布 $N(0,1)$。因为式(2.3.6)的解 S 是实数，所以最后常常把 S 向上取为整数后作为备件需求量。

式(2.3.6)同样也可用于计算备件保障概率。表 2.3.9 的计算参数与表 2.3.6 相同，是分别使用本节的仿真法、解析评估法和 GJB 4355—2002 方法计算所得的备件保障概率对比结果。仔细观察表中数据发现：直接将备件数量 $S=4$ 代入式(2.3.6)时，其备件保障概率结果与仿真结果(本节的解析结果)显著不同，只有将备件数量 $S=5$ 代入式(2.3.6)，其结果才与仿真结果(解析结果)相吻合。这至少说明，直接用式(2.3.6)计算备件保障概率时会导致"低估"的结果,只有把1+S代入式(2.3.6)才能得到准确结果。

表 2.3.9 三种方法的备件保障概率对比结果

任务时间/h	S=4 仿真结果	解析结果	GJB 4355—2002 结果	S=5 GJB 4355—2002 结果
1000	1.000	1.000	1.000	1.000
1200	0.999	1.000	1.000	1.000
1400	1.000	0.999	0.996	1.000
1600	0.997	0.997	0.965	1.000
1800	0.990	0.987	0.863	0.997
2000	0.957	0.959	0.678	0.978
2200	0.882	0.893	0.456	0.916
2400	0.775	0.772	0.264	0.785
2600	0.632	0.598	0.133	0.600
2800	0.389	0.402	0.059	0.404
3000	0.213	0.228	0.024	0.240

表 2.3.10 的计算参数是单元寿命服从正态分布 $N(540,180^2)$,任务时间为 2000h,备件数量在 1~7 遍历取值时,本节的仿真法、解析评估法和 GJB 4355—2002 方法计算所得的备件保障概率对比结果。仔细观察发现,GJB 4355—2002 结果的确出现了"错位"的情况,即其备件数量等于 S 时的备件保障概率,其实是 S 个单元(1 个安装在装备上的单元加上 $S-1$ 个备件)的备件保障概率。读者在应用该方法计算备件保障概率时需要注意这一点。

表 2.3.10 遍历备件数量时三种方法的备件保障概率对比结果

备件数量	仿真结果	解析结果	GJB 4355—2002 结果
1	0.000	0.000	0.000
2	0.000	0.000	0.000
3	0.000	0.000	0.000
4	0.000	0.000	0.000
5	0.004	0.006	0.001
6	0.084	0.094	0.017
7	0.390	0.379	0.114
8	0.719	0.719	0.382
9	0.912	0.915	0.727
10	0.983	0.982	0.934
11	0.996	0.997	0.992

不过，在用该方法计算备件需求量时，最后有一个对 S 进行向上取整的操作，会使得备件需求量结果在绝大多数情况下是准确的。

2.3.3 对数正态型单元

对数正态分布是可靠性中常用的寿命分布，有许多单元(如绝缘体、半导体元器件、金属疲劳等)的寿命都服从对数正态分布[3]。对数正态型单元是指寿命服从对数正态分布 $LN(a,b^2)$ 的单元，其密度函数为 $f(x)=\dfrac{1}{xb\sqrt{2\pi}}\mathrm{e}^{\dfrac{-(\ln(x)-a)^2}{2b^2}}$，分布函数 $F(x)=\dfrac{1}{b\sqrt{2\pi}}\int_0^x \dfrac{\mathrm{e}^{\dfrac{-(\ln(t)-a)^2}{2b^2}}}{t}\mathrm{d}t$。式中，参数 a 为对数均值参数；参数 b 为对数标准差参数。

对数正态分布没有卷积可加特性。虽然在理论上可以使用卷积计算备件保障概率，但实际上很难对备件数量等于 6 以上的情况进行计算。因此，在工程上需要寻找可行的近似计算方法。本章介绍一种通过把对数正态分布近似为伽马分布，然后计算备件需求量的方法。

图 2.3.1 显示了对数正态分布的两种典型密度函数曲线。随着参数 b 的增大，如图 2.3.2 所示，其曲线的波峰向 Y 轴靠近并消失。

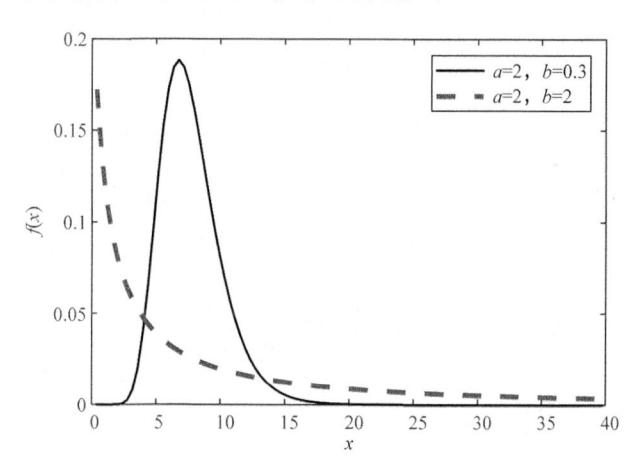

图 2.3.1　对数正态分布的两种典型密度函数曲线

把对数正态分布近似成伽马分布的一种简单方法是：产生大量符合对数正态分布的随机数，然后以伽马分布对这些随机数进行分布拟合，最后得到伽马分布的参数。

在完成对数正态分布的伽马近似后，绘制两者的概率密度曲线。图 2.3.3 是对数正态分布参数 b 小于 1 时，对数正态分布和伽马分布各自的密度曲线，两者有较高的相似性。

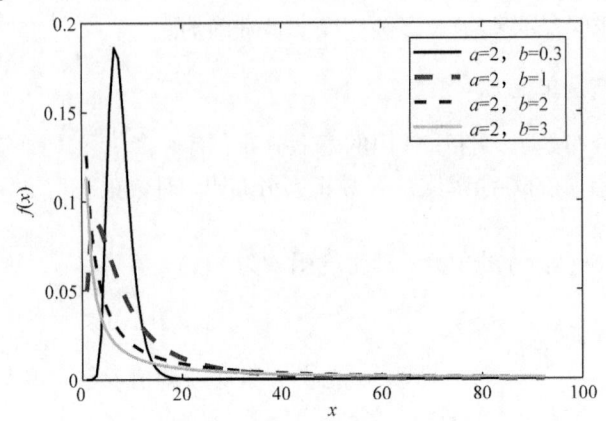

图 2.3.2　对数正态分布随参数 b 变化的密度函数曲线

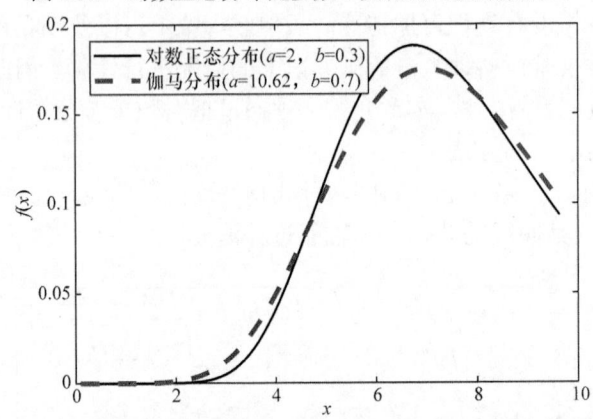

图 2.3.3　对数正态分布参数 b=0.3 时两种分布的密度函数曲线

图 2.3.4 是对数正态分布参数 b 大于 1 时，对数正态分布和伽马分布各自的密

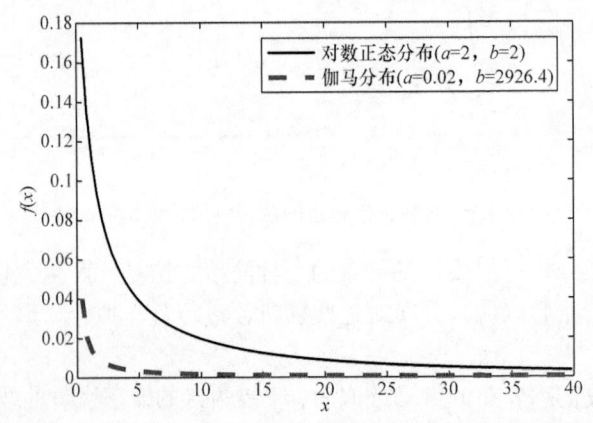

图 2.3.4　对数正态分布参数 b=2 时两种分布的密度函数曲线

度曲线，两者的相似度较低。

为了了解在何种情况下，针对对数正态型单元的伽马近似备件保障效果评估方法具有较高的准确性，可以在一定范围内分别对对数正态分布的参数 a、b 进行遍历取值，任务时间为 1000h。以下是其中的部分结果。

图 2.3.5～图 2.3.7 是对数正态分布参数 a 不变、参数 b 分别为 0.4、1.0 和 1.6 时的备件保障概率仿真结果和近似结果。

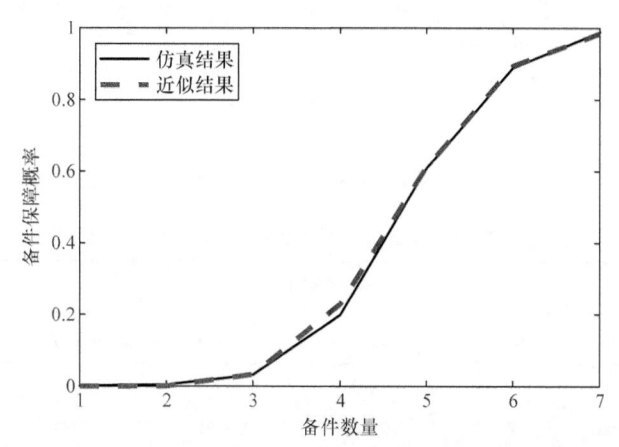

图 2.3.5 对数正态分布参数 b=0.4 时备件保障概率的仿真结果和近似结果

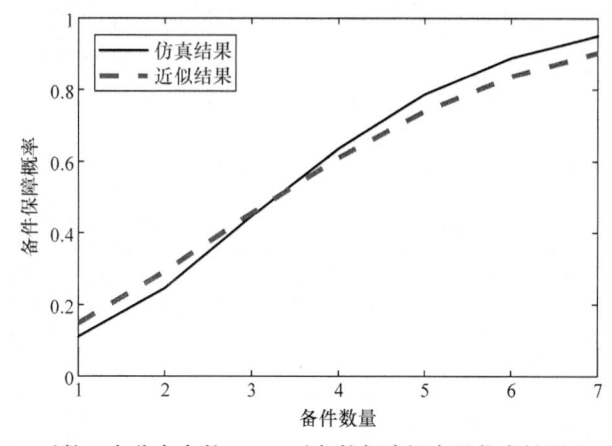

图 2.3.6 对数正态分布参数 b=1.0 时备件保障概率的仿真结果和近似结果

表 2.3.11～表 2.3.13 是对数正态分布参数 a 不变、参数 b 分别为 0.4、1.0 和 1.6 的备件保障效果仿真结果和近似结果。

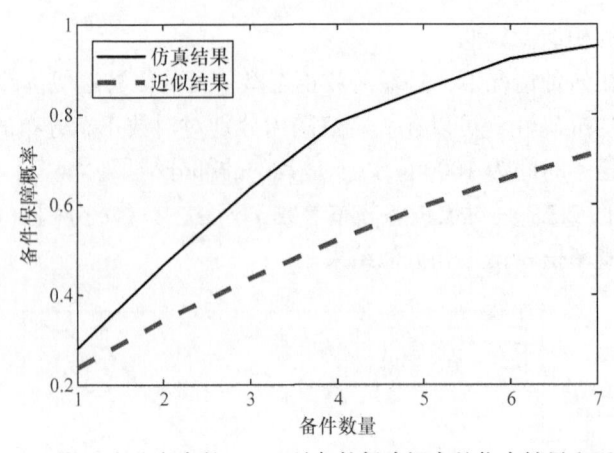

图 2.3.7　对数正态分布参数 b=1.6 时备件保障概率的仿真结果和近似结果

表 2.3.11　对数正态型单元 b=0.4 时备件保障效果的仿真结果和近似结果

备件数量	备件保障概率		备件利用率		使用可用度	
	仿真结果	近似结果	仿真结果	近似结果	仿真结果	近似结果
1	0.001	0.000	1.00	1.00	0.353	0.353
2	0.005	0.001	1.00	1.00	0.534	0.530
3	0.032	0.033	1.00	1.00	0.702	0.704
4	0.199	0.230	0.99	0.99	0.854	0.858
5	0.608	0.612	0.95	0.95	0.959	0.956
6	0.889	0.895	0.86	0.85	0.992	0.992
7	0.989	0.985	0.75	0.75	0.999	0.999

表 2.3.12　对数正态型单元 b=1.0 时备件保障效果的仿真结果和近似结果

备件数量	备件保障概率		备件利用率		使用可用度	
	仿真结果	近似结果	仿真结果	近似结果	仿真结果	近似结果
1	0.111	0.149	0.97	0.95	0.472	0.466
2	0.246	0.293	0.92	0.90	0.656	0.641
3	0.447	0.456	0.86	0.84	0.812	0.771
4	0.636	0.610	0.76	0.76	0.897	0.862
5	0.787	0.740	0.70	0.69	0.953	0.921
6	0.889	0.837	0.62	0.62	0.979	0.957
7	0.951	0.904	0.55	0.55	0.993	0.978

表 2.3.13 对数正态型单元 $b=1.6$ 时备件保障效果的仿真结果和近似结果

备件数量	备件保障概率 仿真结果	备件保障概率 近似结果	备件利用率 仿真结果	备件利用率 近似结果	使用可用度 仿真结果	使用可用度 近似结果
1	0.280	0.237	0.89	0.88	0.552	0.341
2	0.465	0.342	0.78	0.82	0.728	0.468
3	0.635	0.437	0.71	0.77	0.841	0.572
4	0.783	0.521	0.62	0.72	0.933	0.657
5	0.855	0.595	0.55	0.67	0.957	0.726
6	0.923	0.660	0.48	0.62	0.981	0.781
7	0.952	0.716	0.43	0.58	0.991	0.826

表 2.3.14 是对数正态分布的参数 a 不变、对参数 b 进行遍历后，统计在备件保障概率、备件利用率和使用可用度三种指标上，伽马近似评估结果相对仿真结果的最大绝对误差。表中同时给出了对数正态分布的参数和近似成伽马分布后的参数。

表 2.3.14 对数正态型单元参数 $a=5.5$、遍历参数 b 时的备件保障效果的误差统计

对数正态分布参数 a	对数正态分布参数 b	伽马分布参数 a	伽马分布参数 b	备件保障概率最大误差	备件利用率最大误差	使用可用度最大误差
5.5	0.1	99.5008	2.47	0.002	0.003	0.002
5.5	0.4	5.7633	45.99	0.031	0.006	0.005
5.5	0.7	1.5815	197.68	0.047	0.011	0.018
5.5	1.0	0.5820	693.20	0.052	0.027	0.041
5.5	1.3	0.2263	2517.50	0.126	0.048	0.114
5.5	1.6	0.0838	10504.34	0.263	0.153	0.276
5.5	1.9	0.0278	53507.41	0.487	0.327	0.502
5.5	2.2	0.0080	345262.93	0.706	0.499	0.716
5.5	2.5	0.0019	2879328.54	0.864	0.603	0.882
5.5	2.8	0.0004	31314952.39	0.926	0.630	0.954

表 2.3.15 是任务时间为 1000h，对数正态分布的参数 a 遍历、参数 b 为 0.4，统计在备件保障概率、备件利用率和使用可用度三种指标上，伽马近似评估结果相对仿真结果的最大绝对误差。表中同时给出了对数正态分布的参数和近似成伽马分布后的参数。

表 2.3.15　对数正态型单元遍历参数 a、参数 b=0.4 时的备件保障效果的误差统计

对数正态分布参数		伽马分布参数		备件保障概率最大误差	备件利用率最大误差	使用可用度最大误差
a	b	a	b			
4.00	0.40	5.76	10.3	0.011	0.004	0.004
4.50	0.40	5.76	16.9	0.031	0.005	0.004
5.00	0.40	5.76	27.9	0.021	0.006	0.010
5.50	0.40	5.76	46.0	0.015	0.005	0.005
6.00	0.40	5.76	75.8	0.033	0.011	0.003

表 2.3.16 是任务时间 1000h 时，对数正态分布的参数 a 遍历、参数 b 为 1.0，统计在备件保障概率、备件利用率和使用可用度三种指标上，伽马近似评估结果相对仿真结果的最大绝对误差。表中同时给出了对数正态分布的参数和近似成伽马分布后的参数。

表 2.3.16　对数正态型单元遍历参数 a、参数 b=1.0 时的备件保障效果的误差统计

对数正态分布参数		伽马分布参数		备件保障概率最大误差	备件利用率最大误差	使用可用度最大误差
a	b	a	b			
4.00	1.00	0.58	154.7	0.045	0.021	0.018
4.50	1.00	0.58	255.0	0.042	0.031	0.025
5.00	1.00	0.58	420.4	0.064	0.028	0.041
5.50	1.00	0.58	693.2	0.071	0.036	0.052
6.00	1.00	0.58	1142.9	0.081	0.054	0.063

表 2.3.17 是任务时间 1000h 时，对数正态分布的参数 a 遍历、参数 b 为 1.6，统计在备件保障概率、备件利用率和使用可用度三种指标上，伽马近似评估结果相对仿真结果的最大绝对误差。表中同时给出了对数正态分布的参数和近似成伽马分布后的参数。

表 2.3.17　对数正态型单元遍历参数 a、参数 b=1.6 时的备件保障效果的误差统计

对数正态分布参数		伽马分布参数		备件保障概率最大误差	备件利用率最大误差	使用可用度最大误差
a	b	a	b			
4.00	1.60	0.08	2343.8	0.185	0.083	0.178
4.50	1.60	0.08	3864.3	0.212	0.100	0.228
5.00	1.60	0.08	6371.2	0.258	0.161	0.265
5.50	1.60	0.08	10504.3	0.286	0.190	0.318
6.00	1.60	0.08	17318.7	0.333	0.254	0.356

大量的仿真验证结果表明:虽然可以把任意的对数正态分布近似成伽马分布,但只有当对数正态分布的参数 b 小于 1 时,其近似程度才较高;相对参数 b,参数 a 对近似程度的影响小,可以忽略不计。当对数正态分布的参数 b 小于 1 时,基于近似后的伽马分布开展的备件保障效果评估结果误差小,能满足工程应用要求。

2.3.4 韦布尔型单元

韦布尔分布主要用来描述失效率随时间变化的产品寿命,解释因老化、磨损而导致的故障统计规律,适用于机电类产品,如滚珠轴承、继电器、开关、断路器、某些电容器、电子管、磁控管、电位计、陀螺、电动机、航空发电机、蓄电池、液压泵、空气涡轮发动机、齿轮、活门、材料疲劳件等[1]。韦布尔型单元是指寿命服从韦布尔分布 $W(a,b)$ 的单元,其密度函数 $f(x) = ba^{-b}x^{b-1}e^{-(x/a)^b}$,分布函数 $F(x) = 1 - e^{-(x/a)^b}$,其中参数 a 称为尺度参数,参数 b 称为形状参数。当 $b<1$ 时,韦布尔分布的密度函数和失效函数都是减函数。当 $b=1$ 时,失效率为常数,此时,韦布尔分布即为指数分布。当 $b>1$ 时,密度函数曲线呈现单峰状,失效率函数为增函数;当 $b \geqslant 3$ 时,密度函数曲线呈现单峰对称状,近似于正态分布[2]。由于指数分布也是一种特殊的伽马分布,在某种程度上可以认为:韦布尔分布既能形变到与伽马分布形似,又能形变到与正态分布形似。

韦布尔分布同样没有卷积可加特性。在 2.3.3 节中,直接把对数正态分布近似成伽马分布,通过查看两者的密度函数曲线,了解两者的相似程度。通过遍历对数正态分布参数,得到"对数正态分布参数 b 小于 1 时,与伽马分布较为相似"的经验。在本节中,也采取把韦布尔分布近似成伽马分布或正态分布的思路,避免使用卷积数值计算,实现对其备件保障效果的评估。不过,与 2.3.3 节不同的是,本节力图从相关数学理论的角度来诠释如何进行伽马近似或正态近似。

描述随机变量 X 除密度函数、分布函数外,亦可用均值 μ、方差 σ^2、偏度 β_S 和峰度 β_k 这四种特征数来描述分布。这四种特征数的定义如下[2]:

$$\begin{cases} \mu = E(X) \\ \sigma^2 = \text{Var}(X) = E(X - E(X))^2 \\ \beta_S = \dfrac{E(X - E(X))^3}{[\text{Var}(X)]^{\frac{3}{2}}} \\ \beta_k = \dfrac{E(X - E(X))^4}{[\text{Var}(X)]^2} - 3 \end{cases} \quad (2.3.7)$$

均值是最具代表性的位置参数。方差用于描述分布大致的差异范围,观测值分布范围通常取在$[\mu-2\sigma,\mu+2\sigma]$。偏度用于描述分布偏离对称性程度，例如，正态分布是关于均值对称的，其偏度为 0。峰度是描述分布尖峭程度和(或)尾部粗细的特征数，由于正态分布的峰度为零，峰度 β_k 是相对于正态分布而言的超出量。当 $\beta_k>0$ 时表示标准化后的分布比标准正态分布更尖峭和尾部更粗；当 $\beta_k<0$ 时表示标准化后的分布比标准正态分布更平坦和尾部更细。在实际中一个分布的偏度与峰度皆为 0 或近似为 0 时，则可认为该分布为正态分布或近似为正态分布[2]。

而均值、方差、偏度和峰度四种特征数可用 k 阶矩来统一描述。对于随机变量 X，称 $\mu_k=E(X^k)$ 为 X 的 k 阶原点矩，称 $\nu_k=E(X-E(X))^k$ 为 X 的 k 阶中心矩。均值、方差、偏度和峰度的 k 阶矩为

$$\begin{cases} \mu=\mu_1 \\ \sigma^2=\nu_2 \\ \beta_S=\dfrac{\nu_3}{\nu_2^{\frac{3}{2}}} \\ \beta_k=\dfrac{\nu_4}{\nu_2^2}-3 \end{cases} \quad (2.3.8)$$

通过比较两种分布在均值、方差、偏度和峰度四种特征数的差异程度，即可得到两者的相似程度。对于韦布尔分布 $W(a,b)$、伽马分布 $Ga(a,b)$ 和正态分布 $N(a,b^2)$，各自的均值、方差、偏度和峰度如表 2.3.18 所示。

表 2.3.18 不同分布的四种特征数

特征数	伽马分布	正态分布	韦布尔分布
均值	ab	a	$a\Gamma\left(\dfrac{1}{b}+1\right)$
方差	ab^2	b^2	$a^2\left[\Gamma\left(\dfrac{2}{b}+1\right)-\Gamma^2\left(\dfrac{1}{b}+1\right)\right]$
偏度	$\dfrac{2}{\sqrt{a}}$	0	$\dfrac{\Gamma\left(\dfrac{3}{b}+1\right)-3\Gamma\left(\dfrac{1}{b}+1\right)\Gamma\left(\dfrac{2}{b}+1\right)+2\Gamma^3\left(\dfrac{1}{b}+1\right)}{\left[\Gamma\left(\dfrac{2}{b}+1\right)-\Gamma^2\left(\dfrac{1}{b}+1\right)\right]^{\frac{3}{2}}}$
峰度	$\dfrac{6}{a}$	0	$\dfrac{\Gamma\left(\dfrac{4}{m}+1\right)-4\Gamma\left(\dfrac{1}{b}+1\right)\Gamma\left(\dfrac{3}{b}+1\right)+6\Gamma^2\left(\dfrac{1}{b}+1\right)\Gamma\left(\dfrac{2}{b}+1\right)-3\Gamma^4\left(\dfrac{1}{b}+1\right)}{\left[\Gamma\left(\dfrac{2}{b}+1\right)-\Gamma^2\left(\dfrac{1}{b}+1\right)\right]^2}-3$

按照近似后的伽马分布或正态分布的均值和方差与原韦布尔分布的均值和方差都相等的原则，计算伽马分布或正态分布参数，以伽马分布或正态分布来近似表达韦布尔型单元的寿命。当韦布尔分布形状参数 b 在 1.1～4.1 按照 0.2 的步长遍历时，原韦布尔分布、伽马分布和正态分布后的偏度和峰度结果如表 2.3.19 所示。

表 2.3.19 不同分布的偏度和峰度

形状参数	韦布尔分布 偏度	韦布尔分布 峰度	伽马分布 偏度	伽马分布 峰度	正态分布 偏度	正态分布 峰度
1.1	1.73	4.36	1.82	4.97	0	0
1.3	1.35	2.43	1.55	3.61	0	0
1.5	1.07	1.39	1.36	2.77	0	0
1.7	0.87	0.77	1.21	2.20	0	0
1.9	0.70	0.38	1.09	1.80	0	0
2.1	0.57	0.13	1.00	1.50	0	0
2.3	0.45	−0.03	0.92	1.28	0	0
2.5	0.36	−0.14	0.86	1.10	0	0
2.7	0.28	−0.21	0.80	0.96	0	0
2.9	0.20	−0.26	0.75	0.84	0	0
3.1	0.14	−0.28	0.71	0.75	0	0
3.3	0.08	−0.29	0.67	0.67	0	0
3.5	0.03	−0.29	0.63	0.60	0	0
3.7	−0.02	−0.28	0.60	0.54	0	0
3.9	−0.07	−0.26	0.57	0.49	0	0
4.1	−0.11	−0.24	0.55	0.45	0	0

由于近似分布的均值和方差都与原韦布尔分布的均值和方差相同，近似后的分布在偏度和峰度上与原韦布尔分布越接近，则近似效果越好。对比表 2.3.19 中不同分布的偏度和峰值可知：

(1) 对于不同取值的 b，能用伽马分布或正态分布来近似描述原韦布尔分布。

(2) 当 $b<2.3$ 时，随着韦布尔分布形状参数 b 的减小，在偏度和峰度这两个特征数上，伽马近似效果会越来越好，越来越接近原韦布尔分布。

(3) 当 $b \geqslant 2.3$ 时，在偏度和峰度这两个特征数上，正态近似效果优于伽马近似，更接近原韦布尔分布。

当韦布尔分布尺度参数 a 为 200，形状参数 b 分别为 1.3、1.8、2.3、3.0 时，韦布尔分布、近似成伽马分布和近似成正态分布的密度函数曲线如图 2.3.8～图 2.3.11 所示。

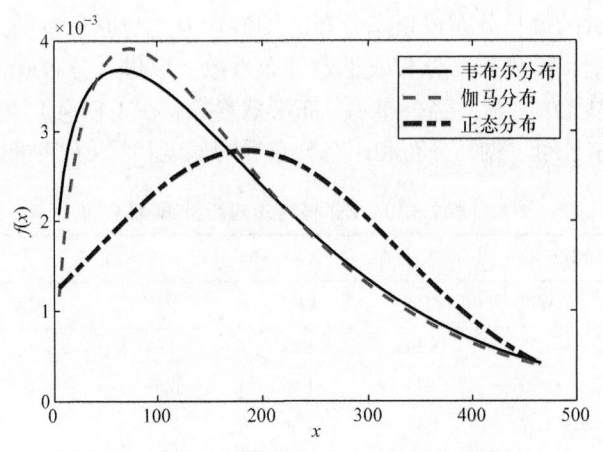

图 2.3.8　韦布尔形状参数 $b=1.3$ 的密度函数曲线

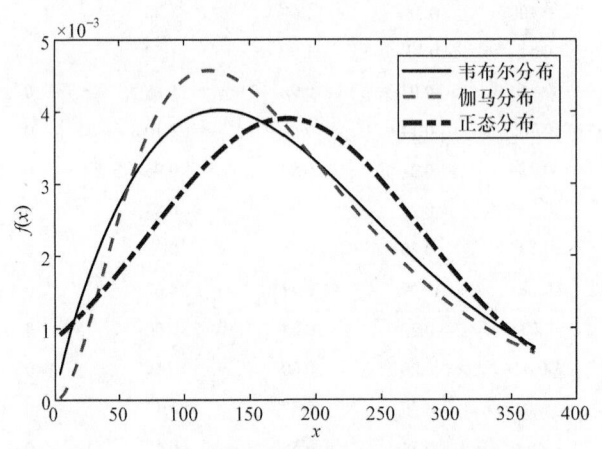

图 2.3.9　韦布尔形状参数 $b=1.8$ 的密度函数曲线

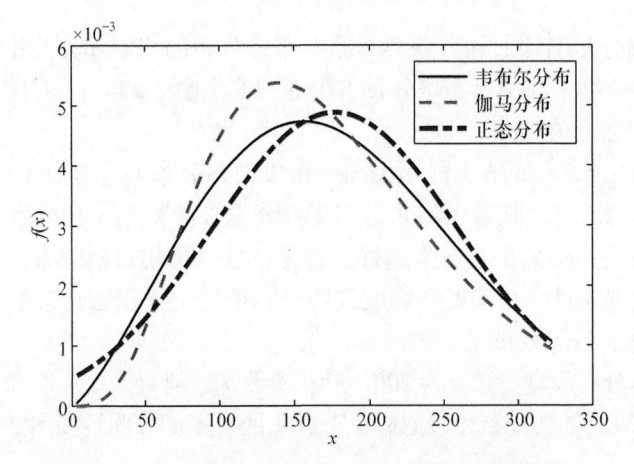

图 2.3.10　韦布尔形状参数 $b=2.3$ 的密度函数曲线

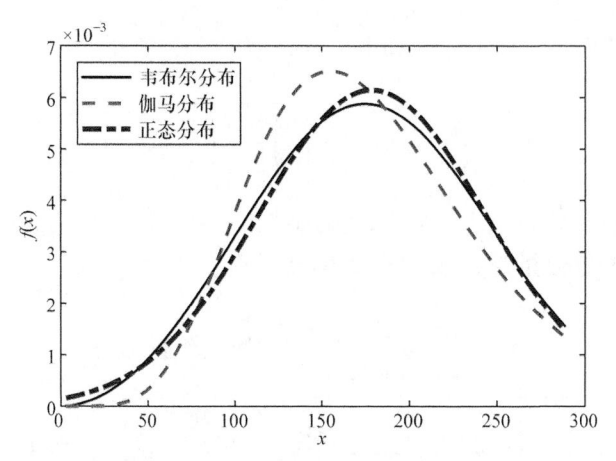

图 2.3.11 韦布尔形状参数 b=3.0 的密度函数曲线

根据表 2.3.19 和图 2.3.8~图 2.3.11 中不同形状参数下概率分布表现出的规律，对于韦布尔型单元，近似后得到伽马分布或正态分布的均值和方差与原韦布尔分布的均值和方差都相等。首先计算伽马分布和正态分布参数及其对应的偏度和峰度，从中选择与原韦布尔分布的偏度和峰度最接近的作为最终的近似分布；然后利用伽马分布或正态分布的可加性，预测备件需求量。该方法简称为 GN 近似法。建议以韦布尔分布形状参数 $b=2.3$ 作为判断近似成伽马分布还是近似成正态分布的临界值，该方法的核心计算步骤介绍如下。

(1) 计算把韦布尔分布近似成伽马分布或正态分布的参数。

当 $b<2.3$ 时，以伽马分布来近似表述韦布尔单元的寿命分布 $W(a,b)$，近似后的伽马分布 $\mathrm{Ga}(a_1,b_1)$ 参数为

$$\begin{cases} a_1 = \dfrac{\Gamma^2\left(\dfrac{1}{b}+1\right)}{\Gamma\left(\dfrac{2}{b}+1\right)-\Gamma^2\left(\dfrac{1}{b}+1\right)} \\ b_1 = \dfrac{\Gamma^2\left(\dfrac{1}{b}+1\right)}{\eta\left[\Gamma\left(\dfrac{2}{b}+1\right)-\Gamma^2\left(\dfrac{1}{b}+1\right)\right]} \end{cases}$$

当 $b\geq 2.3$ 时，以正态分布来近似表述韦布尔单元的寿命分布 $W(a,b)$，近似后的正态分布 $N(a_2,b_2^2)$ 参数为

$$\begin{cases} a_2 = a\Gamma\left(\dfrac{1}{b}+1\right) \\ b_2 = a\sqrt{\Gamma\left(\dfrac{2}{b}+1\right)-\Gamma^2\left(\dfrac{1}{b}+1\right)} \end{cases}$$

(2) 利用伽马分布或正态分布的可加性，计算备件需求量。若保障任务时间为 Tw，备件配置数量为 j，则备件保障概率 Ps 为

$$Ps = \begin{cases} 1 - \dfrac{b_1^{-(1+j)\alpha}}{\Gamma((1+j)a_1)}\displaystyle\int_0^{Tw} x^{(1+j)a_1-1}e^{\frac{-x}{b_1}}dx, & b<2.3 \\ 1 - \dfrac{1}{b_2\sqrt{2\pi(1+j)}}\displaystyle\int_{-\infty}^{Tw} e^{\frac{-(x-(1+j)a_2)^2}{2(1+j)b_2^2}}dx, & b\geqslant 2.3 \end{cases}$$

j 从 0 开始逐一增加，直至使得 Ps 大于或等于目标保障概率，此时 j 的值即为所求备件需求量。

当韦布尔尺度参数 a 为 200，形状参数 b 分别为 1.3、1.8、2.3、3.0，备件数量等于 4，保障任务时间的取值范围为 200~1500h，仿真次数为 1000 时，备件保障概率的仿真结果和 GN 近似结果如图 2.3.12~图 2.3.15 所示。表 2.3.20~表 2.3.23 是使用仿真法和 GN 近似法计算的备件保障概率、备件利用率和使用可用度结果。

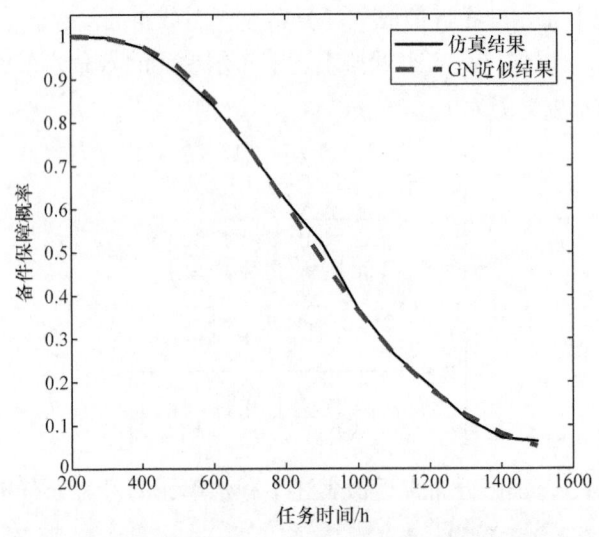

图 2.3.12 韦布尔形状参数 b=1.3 时两种方法的备件保障概率结果

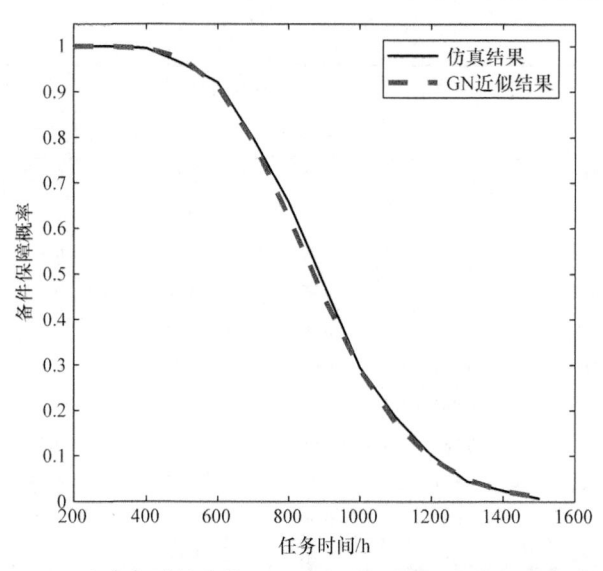

图 2.3.13 韦布尔形状参数 $b=1.8$ 时两种方法的备件保障概率结果

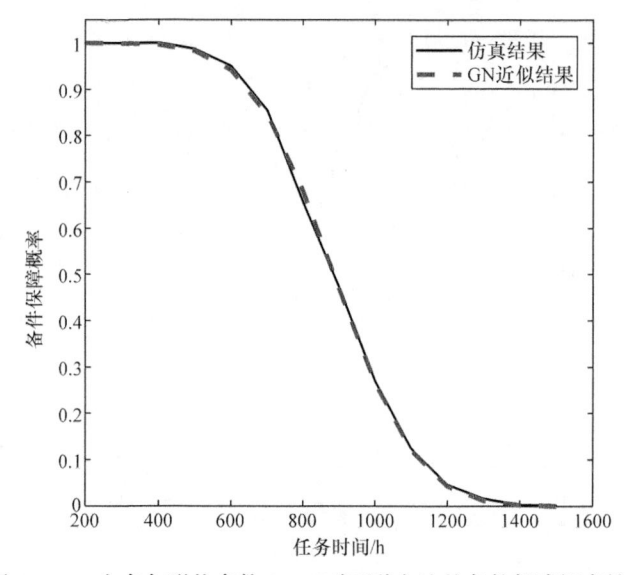

图 2.3.14 韦布尔形状参数 $b=2.3$ 时两种方法的备件保障概率结果

表 2.3.20 韦布尔形状参数 $b=1.3$ 时两种方法的备件保障效果

任务时间/h	备件保障概率		备件利用率		使用可用度	
	仿真结果	GN 近似结果	仿真结果	GN 近似结果	仿真结果	GN 近似结果
200	0.999	1.000	0.22	0.22	1.000	1.000
300	0.996	0.995	0.34	0.36	1.000	0.999
400	0.973	0.977	0.48	0.48	0.995	0.997

续表

任务时间/h	备件保障概率		备件利用率		使用可用度	
	仿真结果	GN 近似结果	仿真结果	GN 近似结果	仿真结果	GN 近似结果
500	0.916	0.931	0.62	0.60	0.986	0.989
600	0.848	0.851	0.71	0.71	0.971	0.973
700	0.737	0.741	0.79	0.79	0.939	0.948
800	0.602	0.613	0.86	0.86	0.911	0.914
900	0.499	0.483	0.90	0.91	0.875	0.873
1000	0.369	0.364	0.94	0.94	0.827	0.828
1100	0.250	0.263	0.96	0.96	0.778	0.781
1200	0.202	0.183	0.98	0.98	0.731	0.735
1300	0.128	0.124	0.99	0.99	0.690	0.690
1400	0.102	0.081	0.99	0.99	0.662	0.648
1500	0.058	0.051	1.00	1.00	0.615	0.609

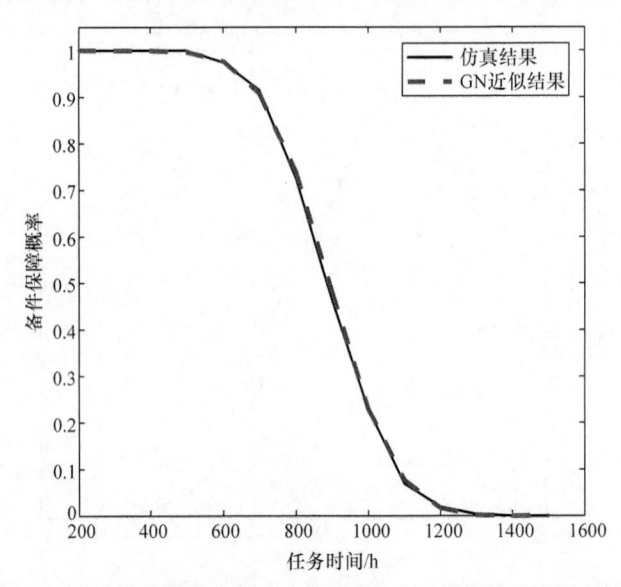

图 2.3.15 韦布尔形状参数 b=3.0 时两种方法的备件保障概率结果

表 2.3.21 韦布尔形状参数 b=1.8 时两种方法的备件保障效果

任务时间/h	备件保障概率		备件利用率		使用可用度	
	仿真结果	GN 近似结果	仿真结果	GN 近似结果	仿真结果	GN 近似结果
200	1.000	1.000	0.20	0.20	1.000	1.000
300	0.999	1.000	0.34	0.34	1.000	1.000
400	0.997	0.996	0.47	0.48	1.000	1.000

续表

任务时间/h	备件保障概率 仿真结果	备件保障概率 GN 近似结果	备件利用率 仿真结果	备件利用率 GN 近似结果	使用可用度 仿真结果	使用可用度 GN 近似结果
500	0.969	0.975	0.62	0.61	0.997	0.997
600	0.910	0.911	0.73	0.73	0.987	0.989
700	0.791	0.790	0.83	0.83	0.967	0.970
800	0.610	0.625	0.91	0.90	0.930	0.937
900	0.438	0.447	0.95	0.95	0.891	0.893
1000	0.302	0.291	0.98	0.97	0.841	0.840
1100	0.173	0.173	0.99	0.99	0.795	0.785
1200	0.098	0.095	1.00	0.99	0.722	0.730
1300	0.045	0.049	1.00	1.00	0.680	0.679
1400	0.024	0.023	1.00	1.00	0.632	0.633
1500	0.006	0.010	1.00	1.00	0.595	0.592

表 2.3.22　韦布尔形状参数 b=2.3 时两种方法的备件保障效果

任务时间/h	备件保障概率 仿真结果	备件保障概率 GN 近似结果	备件利用率 仿真结果	备件利用率 GN 近似结果	使用可用度 仿真结果	使用可用度 GN 近似结果
200	1.000	1.000	0.18	0.18	1.000	1.000
300	1.000	0.999	0.33	0.33	1.000	1.000
400	0.998	0.996	0.46	0.47	1.000	0.999
500	0.988	0.983	0.60	0.62	0.999	0.998
600	0.940	0.941	0.74	0.75	0.993	0.992
700	0.867	0.846	0.84	0.85	0.986	0.979
800	0.670	0.681	0.92	0.90	0.953	0.953
900	0.459	0.469	0.97	0.94	0.912	0.911
1000	0.267	0.266	0.99	0.97	0.864	0.856
1100	0.118	0.121	1.00	1.00	0.790	0.796
1200	0.047	0.043	1.00	1.01	0.736	0.736
1300	0.023	0.012	1.00	1.01	0.685	0.681
1400	0.005	0.002	1.00	1.00	0.634	0.633
1500	0.000	0.000	1.00	1.00	0.590	0.591

表 2.3.23　韦布尔形状参数 b=3.0 时两种方法的备件保障效果

任务时间/h	备件保障概率 仿真结果	备件保障概率 GN 近似结果	备件利用率 仿真结果	备件利用率 GN 近似结果	使用可用度 仿真结果	使用可用度 GN 近似结果
200	1.000	1.000	0.17	0.17	1.000	1.000
300	1.000	1.000	0.32	0.31	1.000	1.000

续表

任务时间/h	备件保障概率 仿真结果	备件保障概率 GN 近似结果	备件利用率 仿真结果	备件利用率 GN 近似结果	使用可用度 仿真结果	使用可用度 GN 近似结果
400	1.000	1.000	0.44	0.45	1.000	1.000
500	0.999	0.997	0.59	0.59	1.000	1.000
600	0.981	0.978	0.73	0.74	0.999	0.998
700	0.916	0.908	0.86	0.86	0.993	0.991
800	0.741	0.739	0.93	0.92	0.972	0.971
900	0.479	0.481	0.98	0.96	0.933	0.932
1000	0.210	0.230	1.00	0.99	0.870	0.874
1100	0.083	0.077	1.00	1.01	0.807	0.807
1200	0.022	0.017	1.00	1.01	0.744	0.743
1300	0.002	0.003	1.00	1.00	0.685	0.687
1400	0.000	0.000	1.00	1.00	0.636	0.638
1500	0.000	0.000	1.00	1.00	0.597	0.595

在《备件供应规划要求》(GJB 4355—2002)中也介绍了一种韦布尔型单元备件需求量计算方法。该方法也采用了正态近似的思路。备件需求量为

$$S = \left(\frac{u_p k}{2} + \sqrt{\frac{u_p k}{2} + \frac{t}{E}} \right)^2$$

式中，t 为任务时间；E 为单元的寿命均值；u_p 为正态分布分位数；k 为变异系数，即

$$k = \sqrt{\frac{\Gamma\left(1+\dfrac{2}{b}\right)}{\Gamma\left(1+\dfrac{1}{b}\right)^2} - 1}$$

当韦布尔分布尺度参数 a 为 200，形状参数 b 分别为 1.3、1.8、2.3、3.0，保障任务时间为 1000～1500h 时，备件保障概率要求分别不得小于 0.8、0.85、0.9，采用 GN 近似法和 GJB 4355—2002 方法计算备件需求量，并仿真验证各自备件需求量的备件保障概率，见表 2.3.24～表 2.3.27。

表 2.3.24 韦布尔分布(a=200, b=1.3)时两种方法的备件需求量及备件保障概率

备件保障概率要求	任务时间/h	GN 近似法 备件需求量	GN 近似法 备件保障概率	GJB 4355—2002 方法 备件需求量	GJB 4355—2002 方法 备件保障概率
0.8	200	2	0.954	3	0.992
	500	4	0.923	5	0.982

续表

备件保障概率要求	任务时间/h	GN 近似法 备件需求量	GN 近似法 备件保障概率	GJB 4355—2002 方法 备件需求量	GJB 4355—2002 方法 备件保障概率
0.8	800	5	0.823	7	0.974
0.8	1100	7	0.823	9	0.969
0.8	1400	9	0.825	10	0.903
0.85	200	2	0.956	3	0.993
0.85	500	4	0.925	5	0.983
0.85	800	6	0.923	7	0.981
0.85	1100	8	0.924	9	0.962
0.85	1400	10	0.926	11	0.955
0.9	200	2	0.958	4	1.000
0.9	500	4	0.921	6	0.991
0.9	800	6	0.902	8	0.989
0.9	1100	8	0.914	10	0.985
0.9	1400	10	0.931	12	0.984

表 2.3.25 韦布尔分布($a=200, b=1.8$)时两种方法的备件需求量及备件保障概率

备件保障概率要求	任务时间/h	GN 近似法 备件需求量	GN 近似法 备件保障概率	GJB 4355—2002 方法 备件需求量	GJB 4355—2002 方法 备件保障概率
0.8	200	1	0.855	2	0.991
0.8	500	3	0.859	4	0.968
0.8	800	5	0.867	6	0.954
0.8	1100	7	0.874	8	0.953
0.8	1400	9	0.87	10	0.957
0.85	200	1	0.853	3	0.999
0.85	500	3	0.855	5	0.996
0.85	800	5	0.87	7	0.995
0.85	1100	7	0.879	9	0.992
0.85	1400	9	0.875	10	0.937
0.9	200	2	0.985	3	1.000
0.9	500	4	0.972	5	0.995
0.9	800	6	0.974	7	0.987
0.9	1100	8	0.958	9	0.986
0.9	1400	10	0.963	11	0.988

表 2.3.26　韦布尔分布(a=200, b=2.3)时两种方法的备件需求量及备件保障概率

备件保障概率要求	任务时间/h	GN 近似法 备件需求量	GN 近似法 备件保障概率	GJB 4355—2002 方法 备件需求量	GJB 4355—2002 方法 备件保障概率
0.8	200	1	0.913	2	0.997
	500	3	0.91	4	0.989
	800	5	0.92	6	0.978
	1100	7	0.934	8	0.988
	1400	9	0.923	10	0.987
0.85	200	1	0.929	2	0.998
	500	3	0.913	4	0.993
	800	5	0.922	6	0.984
	1100	7	0.918	8	0.984
	1400	9	0.935	10	0.975
0.9	200	1	0.919	3	1.000
	500	4	0.985	5	0.999
	800	5	0.904	7	0.999
	1100	7	0.928	9	0.996
	1400	9	0.928	10	0.986

表 2.3.27　韦布尔分布(a=200, b=3.0)时两种方法的备件需求量及备件保障概率

备件保障概率要求	任务时间/h	GN 近似法 备件需求量	GN 近似法 备件保障概率	GJB 4355—2002 方法 备件需求量	GJB 4355—2002 方法 备件保障概率
0.8	200	1	0.956	2	0.999
	500	3	0.957	4	0.998
	800	5	0.964	6	1.000
	1100	6	0.825	8	1.000
	1400	8	0.848	9	0.961
0.85	200	1	0.957	2	0.999
	500	3	0.95	4	0.999
	800	5	0.961	6	0.997
	1100	7	0.968	8	0.995
	1400	8	0.851	10	0.997
0.9	200	1	0.958	2	1.000
	500	3	0.954	4	0.994
	800	5	0.958	6	0.998
	1100	7	0.966	8	0.994
	1400	9	0.979	10	0.998

从以上结果来看，GN 近似法和 GJB 4355—2002 方法都能得到满足要求的备件数量，只是 GJB 4355—2002 方法的备件需求量普遍稍大于 GN 近似法的备件需求量，GJB 4355—2002 方法是一种偏保守的近似方法。

本节用伽马分布或正态分布去近似描述韦布尔分布，利用伽马分布或正态分布的卷积可加性，计算韦布尔型备件需求量。大量仿真验证结果表明：

(1) 对于不同韦布尔分布的形状参数值，能用伽马分布或正态分布来近似原韦布尔分布。当 $b<2.3$ 时，采用伽马分布近似韦布尔分布效果更好；当 $b\geqslant 2.3$ 时，采用正态分布近似韦布尔分布效果更好。

(2) 仿真结果与 GN 近似法的计算结果极为一致，GN 近似法不仅可以用于准确预测备件需求量，亦可用于评估备件保障效果，计算备件保障概率、使用可用度、备件利用率等结果。

2.4 多装机数

2.3 节介绍了某型单元在装备内的装机数等于 1 的备件预测方法。本节以单元装机数大于 1、多个单元之间为表决结构为例，介绍备件需求量的计算方法。

在本节中，把由 N 个同型单元组成，且至少有 k 个单元正常工作，部件才正常工作的部件，称为表决部件[3]，记为 $k/N(G)$。若构成表决部件的单元寿命服从指数分布、伽马分布、正态分布或韦布尔分布，则在本书中对应的部件称为指数型表决部件、伽马型表决部件、正态型表决部件和韦布尔型表决部件。在非指数型单元备件需求量计算方法的启发下，对于那些难以直接以卷积计算备件保障概率的情况，可考虑以伽马/正态近似的思路，来寻找备件需求量近似方法，以满足工程需要。

2.4.1 整体换件

整体换件是指因故障单元数量达到最大值，表决部件停止工作时，需要把整个部件中的单元全部更换。整体换件时，模拟表决部件寿命的方法如下：

按照单元的寿命分布规律，产生 N 个随机数 simX_i，并按照从小到大的方式进行排序，$1\leqslant i \leqslant N$，则 simX_{N-k+1} 模拟了该表决部件的一次寿命值。

在获得大量的表决部件寿命仿真值后，采用成熟的分布拟合方法，计算伽马/正态分布参数，用于近似描述表决部件的寿命分布，最后用前述介绍的方法计算备件保障概率。整体换件的备件保障仿真模型和 2.1 节的仿真模型相差不大，不再赘述。下面举例具体阐述。

例 2.4.1 某 $k/N(G)$ 表决部件要求至少有 k 项单元完好，该部件才能正常工作。当部件内的故障单元数量大于 $N-k$ 时，部件停止工作，采用整体换件策略。已知 k 取 $1\sim 4, N=5$，备件数量为 2，任务时间为 Tw，当单元寿命分别为指数分布、伽马分布、正态分布和韦布尔分布时，采用伽马/正态分布近似法计算其备件保障概率，并进行仿真验证。

需要注意的是，对于整体换件策略，备件数量为 2 是指 2 个批次的备件，实际单元备件数量为 $2N$。

表 2.4.1 是 $k=1, N=5$ 时，分别以伽马分布和正态分布对指数型表决部件、伽马型表决部件、正态型表决部件和韦布尔型表决部件的寿命进行近似描述时各自的分布参数。表 2.4.2 是 $k=1, N=5,$ Tw 取 $1000\sim 3000$h 时，备件保障概率的仿真结果、伽马近似结果和正态近似结果。

表 2.4.1 整体换件 $k=1, N=5$ 时各型表决部件的伽马/正态近似结果

部件类型	伽马近似参数		正态近似参数	
指数型表决部件 Exp(500)	4.23	250	1132.5	565.6
伽马型表决部件 Ga(1.7,400)	5.60	250	1385.5	608.9
正态型表决部件 $N(620,190^2)$	45.60	18.52	840.7	124.5
韦布尔型表决部件 $W(650,1.8)$	11.97	83.33	1006.8	294.1

表 2.4.2 整体换件 $k=1, N=5$ 时的备件保障概率结果

任务时间/h	指数型表决部件			伽马型表决部件			正态型表决部件			韦布尔型表决部件		
	仿真结果	伽马近似结果	正态近似结果	仿真结果	伽马近似结果	正态近似结果	仿真结果	伽马近似结果	正态近似结果	仿真结果	伽马近似结果	正态近似结果
1000	0.999	1.000	0.993	1.000	1.000	0.999	1.000	1.000	1.000	1.000	1.000	1.000
1500	0.993	0.993	0.974	1.000	1.000	0.994	1.000	1.000	1.000	1.000	1.000	0.999
2000	0.935	0.949	0.923	0.998	0.995	0.980	0.995	0.995	0.992	0.985	0.988	0.977
2500	0.816	0.827	0.820	0.970	0.967	0.942	0.537	0.530	0.541	0.833	0.851	0.846
3000	0.642	0.633	0.658	0.875	0.882	0.864	0.025	0.017	0.013	0.450	0.494	0.516

表 2.4.3 是 $k=2, N=5$ 时，分别以伽马分布和正态分布对指数型表决部件、伽马型表决部件、正态型表决部件和韦布尔型表决部件的寿命进行近似描述时各自的分布参数。表 2.4.4 是 $k=2, N=5,$ Tw 取 $1000\sim 2000$h 时，备件保障概率的仿真结果、伽马近似结果和正态近似结果。

表 2.4.3　整体换件 $k=2, N=5$ 时各型表决部件的伽马/正态近似结果

部件类型	伽马近似参数		正态近似参数	
指数型表决部件 Exp(500)	3.82	166.67	655.7	339.8
伽马型表决部件 Ga(1.7,400)	6.07	142.86	869.6	359.7
正态型表决部件 $N(620,190^2)$	44.76	16.13	718.4	106.5
韦布尔型表决部件 W(650,1.8)	11.09	66.67	720.5	215.0

表 2.4.4　整体换件 $k=2, N=5$ 时的备件保障概率结果

任务时间/h	指数型表决部件			伽马型表决部件			正态型表决部件			韦布尔型表决部件		
	仿真结果	伽马近似结果	正态近似结果	仿真结果	伽马近似结果	正态近似结果	仿真结果	伽马近似结果	正态近似结果	仿真结果	伽马近似结果	正态近似结果
1000	0.967	0.975	0.950	1.000	1.000	0.995	1.000	1.000	1.000	1.000	1.000	0.999
1200	0.914	0.925	0.904	1.000	0.998	0.988	1.000	1.000	1.000	0.999	0.999	0.995
1400	0.803	0.838	0.832	0.988	0.990	0.974	1.000	1.000	1.000	0.986	0.989	0.980
1600	0.691	0.717	0.734	0.974	0.968	0.947	0.997	0.999	0.999	0.938	0.944	0.934
1800	0.523	0.578	0.612	0.914	0.921	0.903	0.977	0.977	0.973	0.834	0.833	0.834
2000	0.432	0.438	0.478	0.835	0.843	0.836	0.776	0.796	0.800	0.673	0.650	0.668

表 2.4.5 是 $k=3, N=5$ 时，分别以伽马分布和正态分布对指数型表决部件、伽马型表决部件、正态型表决部件和韦布尔型表决部件的寿命进行近似描述时各自的分布参数。表 2.4.6 是 $k=3, N=5, T_w$ 取 $1000\sim 2000h$ 时，备件保障概率的仿真结果、伽马近似结果和正态近似结果。

表 2.4.5　整体换件 $k=3, N=5$ 时各型表决部件的伽马/正态近似结果

部件类型	伽马近似参数		正态近似参数	
指数型表决部件 Exp(500)	3.21	125	392.9	221.8
伽马型表决部件 Ga(1.7,400)	5.75	100	592.2	249.2
正态型表决部件 $N(620,190^2)$	33.36	18.5	618.8	104.9
韦布尔型表决部件 W(650,1.8)	8.82	62.5	544.8	179.2

表 2.4.6　整体换件 $k=3, N=5$ 时的备件保障概率结果

任务时间/h	指数型表决部件			伽马型表决部件			正态型表决部件			韦布尔型表决部件		
	仿真结果	伽马近似结果	正态近似结果	仿真结果	伽马近似结果	正态近似结果	仿真结果	伽马近似结果	正态近似结果	仿真结果	伽马近似结果	正态近似结果
1000	0.648	0.651	0.679	0.973	0.982	0.964	1.000	1.000	1.000	0.982	0.988	0.980
1200	0.430	0.435	0.478	0.911	0.926	0.909	1.000	1.000	1.000	0.939	0.926	0.919

续表

任务时间/h	指数型表决部件 仿真结果	指数型表决部件 伽马近似结果	指数型表决部件 正态近似结果	伽马型表决部件 仿真结果	伽马型表决部件 伽马近似结果	伽马型表决部件 正态近似结果	正态型表决部件 仿真结果	正态型表决部件 伽马近似结果	正态型表决部件 正态近似结果	韦布尔型表决部件 仿真结果	韦布尔型表决部件 伽马近似结果	韦布尔型表决部件 正态近似结果
1400	0.267	0.256	0.282	0.797	0.808	0.809	0.996	0.996	0.994	0.770	0.761	0.775
1600	0.137	0.135	0.136	0.614	0.636	0.659	0.936	0.922	0.921	0.511	0.518	0.544
1800	0.068	0.065	0.053	0.435	0.447	0.478	0.619	0.608	0.622	0.297	0.285	0.297
2000	0.039	0.029	0.016	0.302	0.281	0.302	0.207	0.215	0.215	0.114	0.128	0.120

表 2.4.7 是 $k=4, N=5$ 时,分别以伽马分布和正态分布对指数型表决部件、伽马型表决部件、正态型表决部件和韦布尔型表决部件的寿命进行近似描述时各自的分布参数。表 2.4.8 是 $k=4, N=5, T_w$ 取 1000～2000h 时,备件保障概率的仿真结果、伽马近似结果和正态近似结果。

表 2.4.7　整体换件 $k=4, N=5$ 时各型表决部件的伽马/正态近似结果

部件类型	伽马近似参数		正态近似参数	
指数型表决部件 Exp(500)	1.95	0.009	222.1	163.0
伽马型表决部件 Ga(1.7,400)	3.85	0.010	394.9	199.2
正态型表决部件 $N(620,190^2)$	20.30	0.039	521.2	108.6
韦布尔型表决部件 W(650,1.8)	6.20	0.015	402.4	155.8

表 2.4.8　整体换件 $k=4, N=5$ 时的备件保障概率结果

任务时间/h	指数型表决部件 仿真结果	指数型表决部件 伽马近似结果	指数型表决部件 正态近似结果	伽马型表决部件 仿真结果	伽马型表决部件 伽马近似结果	伽马型表决部件 正态近似结果	正态型表决部件 仿真结果	正态型表决部件 伽马近似结果	正态型表决部件 正态近似结果	韦布尔型表决部件 仿真结果	韦布尔型表决部件 伽马近似结果	韦布尔型表决部件 正态近似结果
1000	0.138	0.118	0.119	0.673	0.678	0.704	0.999	0.999	0.999	0.725	0.761	0.779
1200	0.038	0.044	0.029	0.407	0.444	0.482	0.978	0.973	0.973	0.440	0.480	0.511
1400	0.015	0.015	0.005	0.229	0.248	0.266	0.849	0.789	0.808	0.211	0.232	0.238
1600	0.004	0.005	0.000	0.108	0.121	0.114	0.454	0.412	0.423	0.073	0.089	0.073
1800	0.001	0.001	0.000	0.045	0.052	0.037	0.098	0.121	0.104	0.021	0.027	0.014
2000	0.000	0.000	0.000	0.017	0.021	0.009	0.012	0.020	0.010	0.001	0.007	0.002

大量算例及其仿真验证结果表明,对于上述四种表决部件,采用伽马/正态分布近似法计算备件保障概率都具有较高的准确性,误差在工程可接受范围内。

2.4.2　部分换件

部分换件是指因故障单元数量达到最大值,表决部件停止工作时,需要把部

件中的故障单元全部更换，未故障单元继续保留。

当采取部分更换策略时，需要考虑各单元剩余寿命的影响。首次模拟表决部件寿命的方法是：按照单元的寿命分布规律，产生 N 个随机数 $simX_i$，并按照从小到大的方式进行排序，$1 \leqslant i \leqslant N$，则 $simX_{N-k+1}$ 模拟了该表决部件的一个寿命值。更换故障单元后，再次模拟表决部件寿命的方法如下：

(1) 令 $simX_i = simX_i - simX_{N-k+1}, 1 \leqslant i \leqslant N$，用于模拟各单元的剩余寿命。

(2) 产生 $N-k+1$ 个新的随机数 $simX_j$，$1 \leqslant j \leqslant N-k+1$，用 $simX_j$ 替代 $simX_i(1 \leqslant i \leqslant N-k+1)$ 后得到 N 个随机数，对这 N 个随机数再次按照从小到大排序，则 $simX_{N-k+1}$ 模拟了该表决部件的再一次寿命值。部分换件的备件保障仿真模型和 2.1 节的仿真模型相差不大，不再赘述。下面举例具体阐述。

例 2.4.2 某 $k/N(G)$ 表决部件要求至少有 k 项单元完好，该部件才能正常工作。当部件内的故障单元数量大于 $N-k$ 时，部件停止工作，采用部分换件策略(更换部件内发生故障的单元，未发生故障的单元予以保留，可继续使用)。已知 k 取 1～4, $N=5$，备件数量为 2，任务时间为 Tw，当单元寿命分别为指数分布、伽马分布、正态分布和韦布尔分布时，采用伽马/正态分布近似法计算其备件保障概率，并进行仿真验证。

以下为例 2.4.2 的计算结果。

表 2.4.9 是 $k=1, N=5$ 时，分别以伽马分布和正态分布对指数型表决部件、伽马型表决部件、正态型表决部件和韦布尔型表决部件的寿命进行近似描述时各自的分布参数。表 2.4.10 是 $k=1, N=5$, Tw 取 1000～3000h 时，备件保障概率的仿真结果、伽马近似结果和正态近似结果。

表 2.4.9 部分换件 $k=1, N=5$ 时各型表决部件的伽马/正态近似结果

部件类型	伽马近似参数		正态近似参数	
指数型表决部件 Exp(500)	3.92	333.33	1170.0	620.9
伽马型表决部件 Ga(1.7,400)	5.92	250	1353.1	570.0
正态型表决部件 $N(620,190^2)$	44.30	18.87	838.9	126.5
韦布尔型表决部件 $W(650,1.8)$	11.40	0.011	1008.8	297.2

表 2.4.10 部分换件 $k=1, N=5$ 时的备件保障概率结果

任务时间 /h	指数单元			伽马单元			正态单元			韦布尔单元		
	仿真结果	伽马近似结果	正态近似结果	仿真结果	伽马近似结果	正态近似结果	仿真结果	伽马近似结果	正态近似结果	仿真结果	伽马近似结果	正态近似结果
1000	0.999	1.000	0.990	1.000	1.000	0.999	1.000	1.000	1.000	1.000	1.000	1.000
1500	0.989	0.993	0.969	1.000	1.000	0.995	1.000	1.000	1.000	1.000		0.998

续表

任务时间/h	指数单元 仿真结果	指数单元 伽马近似结果	指数单元 正态近似结果	伽马单元 仿真结果	伽马单元 伽马近似结果	伽马单元 正态近似结果	正态单元 仿真结果	正态单元 伽马近似结果	正态单元 正态近似结果	韦布尔单元 仿真结果	韦布尔单元 伽马近似结果	韦布尔单元 正态近似结果
2000	0.940	0.952	0.920	0.990	0.995	0.981	0.993	0.994	0.991	0.979	0.986	0.977
2500	0.814	0.842	0.826	0.973	0.965	0.943	0.561	0.519	0.530	0.852	0.847	0.847
3000	0.638	0.665	0.682	0.860	0.871	0.858	0.024	0.017	0.014	0.488	0.498	0.520

表 2.4.11 是 $k=2, N=5$ 时，分别以伽马分布和正态分布对指数型表决部件、伽马型表决部件、正态型表决部件和韦布尔型表决部件的寿命进行近似描述时各自的分布参数。表 2.4.12 是 $k=2, N=5, T_w$ 取 1000~2000h 时，备件保障概率的仿真结果、伽马近似结果和正态近似结果。

表 2.4.11 部分换件 $k=2, N=5$ 时各型表决部件的伽马/正态近似结果

部件类型	伽马近似参数		正态近似参数	
指数型表决部件 Exp(500)	3.82	166.67	643.7	330.0
伽马型表决部件 Ga(1.7,400)	5.43	142.86	820.6	354.4
正态型表决部件 $N(620,190^2)$	34.05	20.00	677.7	114.7
韦布尔型表决部件 $W(650,1.8)$	8.94	76.92	662.7	217.8

表 2.4.12 部分换件 $k=2, N=5$ 时的备件保障概率结果

任务时间/h	指数单元 仿真结果	指数单元 伽马近似结果	指数单元 正态近似结果	伽马单元 仿真结果	伽马单元 伽马近似结果	伽马单元 正态近似结果	正态单元 仿真结果	正态单元 伽马近似结果	正态单元 正态近似结果	韦布尔单元 仿真结果	韦布尔单元 伽马近似结果	韦布尔单元 正态近似结果
1000	0.963	0.972	0.948	1.000	0.999	0.991	1.000	1.000	1.000	1.000	0.999	0.996
1200	0.915	0.918	0.900	0.997	0.994	0.980	1.000	1.000	1.000	0.994	0.991	0.982
1400	0.797	0.824	0.824	0.987	0.977	0.958	1.000	1.000	0.999	0.983	0.951	0.941
1600	0.696	0.698	0.719	0.946	0.938	0.920	0.992	0.989	0.985	0.913	0.846	0.848
1800	0.532	0.554	0.591	0.907	0.868	0.859	0.931	0.880	0.880	0.739	0.671	0.691
2000	0.412	0.414	0.452	0.792	0.766	0.774	0.654	0.553	0.566	0.538	0.462	0.488

表 2.4.13 是 $k=3, N=5$ 时，分别以伽马分布和正态分布对指数型表决部件、伽马型表决部件、正态型表决部件和韦布尔型表决部件的寿命进行近似描述时各自的分布参数。表 2.4.14 是 $k=3, N=5, T_w$ 取 1000~2000h 时，备件保障概率的仿真结果、伽马近似结果和正态近似结果。

表 2.4.13　部分换件 $k=3, N=5$ 时各型表决部件的伽马/正态近似结果

部件类型	伽马近似参数		正态近似参数	
指数型表决部件 Exp(500)	3.05	125	380.8	216.2
伽马型表决部件 Ga(1.7,400)	4.21	125	533.5	262.1
正态型表决部件 $N(620,190^2)$	13.28	35.71	481.5	124.7
韦布尔型表决部件 W(650,1.8)	5.89	71.43	435.1	173.7

表 2.4.14　部分换件 $k=3, N=5$ 时的备件保障概率结果

任务时间 /h	指数单元			伽马单元			正态单元			韦布尔单元		
	仿真结果	伽马近似结果	正态近似结果	仿真结果	伽马近似结果	正态近似结果	仿真结果	伽马近似结果	正态近似结果	仿真结果	伽马近似结果	正态近似结果
1000	0.621	0.611	0.648	0.946	0.927	0.907	1.000	0.984	0.980	0.940	0.839	0.845
1200	0.408	0.398	0.439	0.848	0.811	0.811	0.979	0.860	0.871	0.756	0.606	0.637
1400	0.268	0.228	0.246	0.673	0.644	0.671	0.821	0.557	0.582	0.486	0.353	0.376
1600	0.136	0.118	0.111	0.497	0.463	0.500	0.457	0.239	0.236	0.230	0.168	0.164
1800	0.080	0.056	0.040	0.329	0.302	0.330	0.126	0.068	0.050	0.075	0.066	0.050
2000	0.034	0.024	0.011	0.174	0.180	0.189	0.012	0.013	0.005	0.022	0.022	0.010

表 2.4.15 是 $k=4, N=5$，备件数量为 6 时，分别以伽马分布和正态分布对指数型表决部件、伽马型表决部件、正态型表决部件和韦布尔型表决部件的寿命进行近似描述时各自的分布参数。表 2.4.16 是 $k=4, N=5, T_w$ 取 1000～2000h 时，备件保障概率的仿真结果、伽马近似结果和正态近似结果。

表 2.4.15　部分换件 $k=4, N=5$ 时各型表决部件的伽马/正态近似结果

部件类型	伽马近似参数		正态近似参数	
指数型表决部件 Exp(500)	1.94	111.11	222.5	159.9
伽马型表决部件 Ga(1.7,400)	2.71	111.11	301.0	178.5
正态型表决部件 $N(620,190^2)$	3.14	99.91	276.3	138.6
韦布尔型表决部件 W(650,1.8)	3.05	83.33	261.2	142.2

表 2.4.16　部分换件 $k=4, N=5$ 时的备件保障概率结果

任务时间 /h	指数单元			伽马单元			正态单元			韦布尔单元		
	仿真结果	伽马近似结果	正态近似结果	仿真结果	伽马近似结果	正态近似结果	仿真结果	伽马近似结果	正态近似结果	仿真结果	伽马近似结果	正态近似结果
1000	0.923	0.923	0.906	0.999	0.997	0.990	1.000	0.997	0.995	1.000	0.993	0.986
1200	0.822	0.796	0.801	0.996	0.985	0.973	1.000	0.977	0.977	0.995	0.959	0.953

续表

任务时间/h	指数单元 仿真结果	指数单元 伽马近似结果	指数单元 正态近似结果	伽马单元 仿真结果	伽马单元 伽马近似结果	伽马单元 正态近似结果	正态单元 仿真结果	正态单元 伽马近似结果	正态单元 正态近似结果	韦布尔单元 仿真结果	韦布尔单元 伽马近似结果	韦布尔单元 正态近似结果
1400	0.652	0.616	0.645	0.978	0.944	0.933	1.000	0.914	0.927	0.975	0.866	0.873
1600	0.432	0.424	0.460	0.922	0.857	0.858	0.999	0.785	0.819	0.880	0.702	0.728
1800	0.253	0.262	0.283	0.813	0.722	0.742	0.968	0.603	0.642	0.659	0.500	0.530
2000	0.149	0.146	0.148	0.676	0.559	0.590	0.740	0.409	0.428	0.408	0.312	0.324

大量仿真验证结果表明，对于表决部件(指数型表决部件除外)，采用部分换件策略时，伽马/正态近似法关于备件保障概率的计算准确性没有整体换件策略情况下的效果好。主要原因在于：在经历换件维修后，部件中存在新更换的单元和遗留下来的旧单元相混合的情况，前者以寿命、后者以剩余寿命的方式对部件的寿命产生影响，使得部件的寿命规律更加难以接近标准的伽马分布或正态分布。而指数分布具有剩余寿命等于寿命的特性，因此不论是整体换件维修还是部分换件维修，伽马/正态近似分布方法的效果都一样好。

2.5 小　　结

初始备件在《备件供应规划要求》中被定义为：在装备形成战斗力的初始保障时间内，装备使用与维修所需的备件。本章将其进一步定义成针对新列装产品的备件。计算备件保障概率是单元级备件需求量计算方法的核心，其计算思路要么和故障发生次数的概率有关，要么和累积工作时间的分布有关，后者涉及卷积这种数学运算，其适用范围更为广泛。不管单元寿命服从什么类型的分布，卷积都是备件保障概率计算的"正途"。伽马/正态分布的卷积可加性是卷积计算的"捷径"。当遇到像韦布尔型单元或表决结构这样难以直接开展卷积计算时，可考虑伽马/正态近似思路，从而避免计算量为指数增长的卷积数值计算，实现备件需求量的近似计算。

参 考 文 献

[1] 中国人民解放军空军标准化办公室. 备件供应规划要求: GJB 4355—2002[S]. 北京: 中国人民解放军总装备部, 2003.
[2] 茆诗松, 程依明, 濮晓龙. 概率论与数理统计教程[M]. 2版. 北京: 高等教育出版社, 2010.
[3] 张志华. 可靠性理论及工程应用[M]. 北京: 科学出版社, 2012.

第3章 后续备件

"产品及其备件都是新品"是大多数备件需求量计算方法的前提假定。此时计算所得的备件需求量结果称为初始备件。"初始"是指装备上单元的累积工作时间为零。实际上在大多数情况下，该装备往往已经工作了一段时间且还未发生故障，仍能进入下一任务继续使用。因此，如何计算"(旧品)单元+(新品)备件"情况下的后续备件需求量，相比初始备件的计算问题，是一个更为普遍的问题。理论上，由于指数分布的"无记忆性"(剩余寿命的分布规律和寿命分布规律完全相同[1])，只有指数型单元不需要区分初始备件和后续备件。

本章考虑"旧品(单元)"这一影响因素，按照第2章所述的备件保障概率与卷积的关系，给出一种后续备件需求量计算方法。该方法的核心是剩余寿命和卷积这两个概念，适用于寿命服从常见的伽马分布、正态分布、对数正态分布和韦布尔分布等单元。

3.1 剩余寿命

在理论上，用剩余寿命来描述"旧品(单元)"的寿命。假定单元从投入使用开始，已经正常工作了时间 t_1 且未发生故障，称从 t_1 到发生故障的时间为剩余寿命，记为 x'。显然寿命等于 t_1+x'。

由剩余寿命的物理含义可知，剩余寿命的失效度 $F(t|t_1)$ 为

$$F(t|t_1)=P(x'<t|x>t_1)=\frac{P(x<t+t_1)-P(x<t_1)}{P(x>t_1)} \tag{3.1.1}$$

式(3.1.1)的分母项反映了单元在 t_1 后仍然未发生故障的特性，分子项反映了单元在 $(t_1, t+t_1)$ 区间内发生故障的特性。式(3.1.1)应用在伽马型单元，其剩余寿命分布函数为

$$F(t|t_1)=P(x'<t|t_1)=\frac{\dfrac{1}{b^a\Gamma(\alpha)}\int_{t_1}^{t+t_1}x^{a-1}\mathrm{e}^{\frac{-x}{b}}\mathrm{d}x}{1-\dfrac{1}{b^a\Gamma(\alpha)}\int_0^{t_1}x^{a-1}\mathrm{e}^{\frac{-x}{b}}\mathrm{d}x}$$

建立仿真模型模拟剩余寿命分布,用于验证式(3.1.1)。

(1) 按照伽马分布 $Ga(a,b)$ 规律,随机产生 1000 个随机数 $simT_i$,用于模拟单元的寿命。

(2) 从随机数 $simT$ 中选出大于 t_1 的随机数,共 m 个,记为 sT_j,则这些单元的剩余寿命为 $sT_j - t_1$。

(3) 从剩余寿命随机数 $sT_j - t_1$ 中选出小于 t 的随机数,共 n 个,则本次剩余寿命分布函数的仿真结果为 $F(t|t_1) = P(x' < t|t_1) = \dfrac{n}{m}$。

图 3.1.1 是该仿真模型模拟剩余寿命失效度的仿真结果和按式(3.1.1)计算剩余寿命失效度的解析结果的对比情况,两者极为接近。

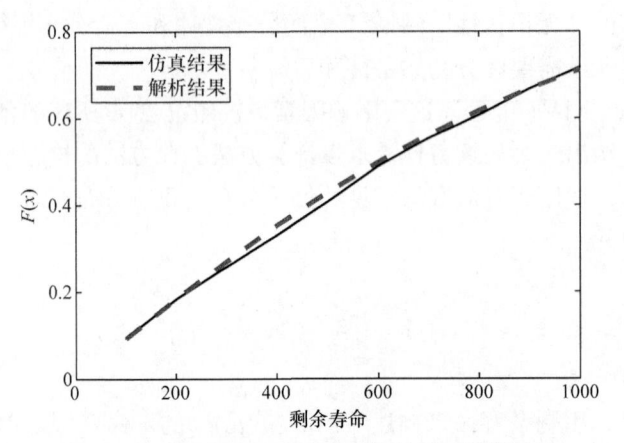

图 3.1.1　剩余寿命的失效度仿真结果和解析结果

即便单元属于同一类型,当 t_1 不同时,其剩余寿命分布函数也并不相同。图 3.1.2

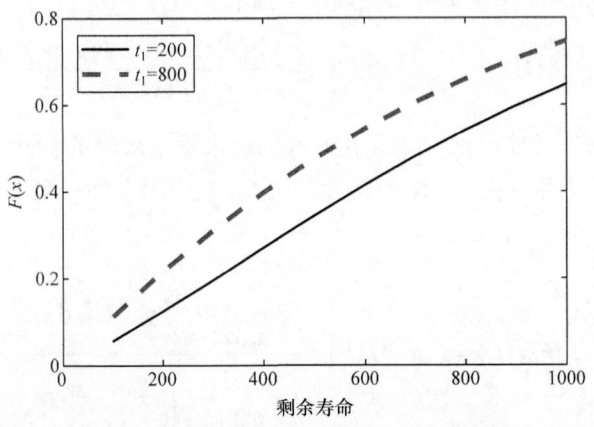

图 3.1.2　不同 t_1 时的剩余寿命分布函数情况

给出了 t_1 分别取 200、800 时，各自的剩余寿命失效度结果。

3.2 卷积与后续备件需求量

该单元的剩余寿命记为 x'，S 个备件的寿命分别为 $X_i(i=1,2,\cdots,S)$，则累计工作时间 t 为

$$t = x' + X_1 + X_2 + \cdots + X_S = x' + T \tag{3.2.1}$$

式中，S 个备件的累计工作时间记为 T。

备件保障的目的就是确保 t 大于任务时间 Tw 的概率 $P(t>\text{Tw})$ 满足保障要求。由式(3.2.1)可以看出，累计工作时间 t 是求若干独立随机变量之和，因此需要用到连续场合下的卷积公式[2]。

设 X 和 Y 是两个相互独立的连续随机变量，其密度函数分别为 $f_x(t)$ 和 $f_y(t)$，则其和 $Z=X+Y$ 的密度函数为

$$f_z(z) = \int_{-\infty}^{\infty} f_X(z-y)f_Y(y)\mathrm{d}y = \int_{-\infty}^{\infty} f_X(x)f_Y(z-x)\mathrm{d}x \tag{3.2.2}$$

对于单元寿命服从 $\text{Ga}(a,b)$ 的 S 个备件，根据卷积可加性，其累积工作时间 T 服从伽马分布 $\text{Ga}(aS,b)$，其密度函数为 $f(x) = \dfrac{1}{b^{aS}\Gamma(aS)} x^{aS-1} \mathrm{e}^{\frac{-x}{b}}$。因此，可将计算 $P(t>\text{Tw})$ 的多重卷积问题简化为如式(3.2.3)所示的卷积问题：

$$\begin{aligned} P(t>\text{Tw}) &= P(x'+T>\text{Tw}) = 1 - P(x'+T<\text{Tw}) \\ &= 1 - \int_0^{\text{Tw}} F(\text{Tw}-x\mid t_1)f(x)\mathrm{d}x \end{aligned} \tag{3.2.3}$$

为验证该方法的准确性，建立以下反映剩余寿命影响的备件保障仿真模型。

作以下约定：为某个已工作 t_1 且还未发生故障的单元配置了 S 个备件，任务时间为 Tw，则模拟一次备件保障的过程如下：

(1) 模拟该单元的剩余寿命 x'，方法见 3.1 节。

(2) 产生 s 个随机数 $X_i(1 \leqslant i \leqslant s)$ 用于模拟备件的寿命，X_i 服从该单元的寿命分布规律。

(3) 计算累计工作时间 $\text{dyTw} = x' + \sum_{i=1}^{S} X_i$。

(4) 当 $\text{dyTw} > \text{Tw}$ 时，保障任务成功，令 $\text{dyFs}=1$；否则保障任务失败，令 $\text{dyFs}=0$。

多次重复运行以上备件保障仿真模型，对所有仿真结果 dyFs 进行统计，dyFs 均值的物理含义既是备件保障概率，也是保障任务成功率[3]。

3.3 常见寿命类型的后续备件需求量

3.3.1 伽马型单元

针对寿命服从伽马 $\mathrm{Ga}(a,b)$ 的伽马型单元，利用伽马分布的卷积可加性，这里给出后续备件需求量计算方法的要点。

(1) 伽马型单元剩余寿命的失效度 $F(t|t_1)$ 为

$$F(t|t_1) = P(x' < t|t_1) = \frac{\dfrac{1}{b^a \Gamma(\alpha)} \int_{t_1}^{t+t_1} x^{a-1} \mathrm{e}^{\frac{-x}{b}} \mathrm{d}x}{1 - \dfrac{1}{b^a \Gamma(\alpha)} \int_0^{t_1} x^{a-1} \mathrm{e}^{\frac{-x}{b}} \mathrm{d}x}$$

(2) 备件数量为 j 时的备件保障概率 Ps 为

$$\mathrm{Ps} = \begin{cases} 1 - \dfrac{\dfrac{1}{b^a \Gamma(a)} \int_{t_1}^{\mathrm{Tw}+t_1} x^{a-1} \mathrm{e}^{\frac{-x}{b}} \mathrm{d}x}{1 - \dfrac{1}{b^a \Gamma(a)} \int_0^{t_1} x^{a-1} \mathrm{e}^{\frac{-x}{b}} \mathrm{d}x}, & j = 0 \\[2ex] 1 - \int_0^{\mathrm{Tw}} F(\mathrm{Tw}-x|t_1) \dfrac{1}{b^{ja} \Gamma(ja)} x^{ja-1} \mathrm{e}^{\frac{-x}{b}} \mathrm{d}x, & j > 0 \end{cases} \quad (3.3.1)$$

(3) 设置所述单元备件保障概率阈值，令 j 从 0 开始逐一递增，使得所述备件保障概率 Ps 不小于所述概率阈值的 j 值即为所计算出的备件需求量。

例 3.3.1 某单元的寿命服从伽马分布 $\mathrm{Ga}(2.1,500)$，该单元已累计工作 650h 且未发生故障，预计下一任务该单元的计划工作时间 Tw 为 1500h，要求备件保障概率不小于 0.85，计算该任务的备件需求量。

解 该单元剩余寿命的失效度为

$$F(t|650) = \frac{\dfrac{1}{500^{2.1} \Gamma(2.1)} \int_{650}^{t+650} x^{1.1} \mathrm{e}^{\frac{-x}{500}} \mathrm{d}x}{1 - \dfrac{1}{500^{2.1} \Gamma(2.1)} \int_0^{650} x^{1.1} \mathrm{e}^{\frac{-x}{500}} \mathrm{d}x}$$

令备件数量从 0 开始逐一递增，当备件保障概率的评估结果大于 0.85 时，停止计算，计算过程的中间结果见表 3.3.1，表中包含了对每一个备件数量值的备件保障概率的仿真验证情况。

第 3 章 后续备件

表 3.3.1 伽马型单元后续备件需求量计算过程的中间结果

备件数量	备件保障概率	
	仿真结果	评估结果
0	0.117	0.124
1	0.557	0.554
2	0.884	0.883

由表 3.3.1 可知，备件需求量为 2 时，备件保障概率能满足不低于 0.85 的备件保障概率要求，且由式(3.3.1)计算的备件保障概率评估结果与仿真结果极为接近。

显然，备件保障概率评估结果的准确性是准确计算备件需求量的前提。图 3.3.1、表 3.3.2 显示了例 3.3.1 中当备件数量为 2，任务时间在 1000~3000h 的后续备件的备件保障概率仿真结果和评估结果。为了对初始备件和后续备件有更进一步的直观认识，这里同时计算了不考虑单元已工作时间的初始备件的备件保障概率。

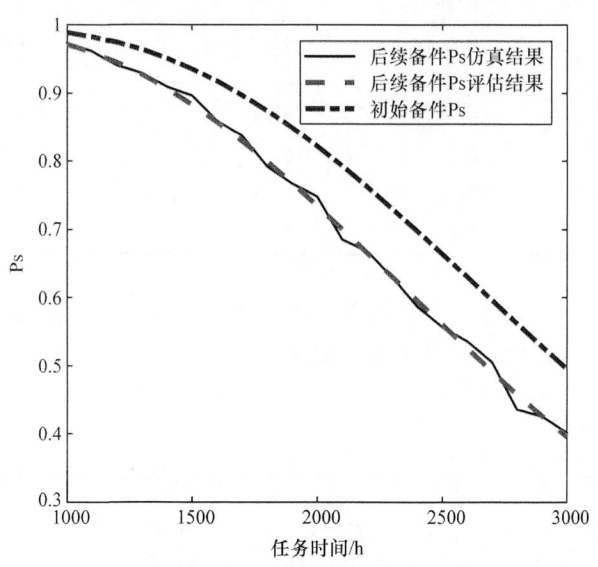

图 3.3.1 伽马型单元的后续备件保障概率和初始备件保障概率

表 3.3.2 伽马型单元的后续备件保障概率和初始备件保障概率

任务时间/h	后续备件保障概率		初始备件保障概率
	仿真结果	评估结果	
1000	0.974	0.972	0.989
1100	0.961	0.960	0.982
1200	0.940	0.945	0.974

续表

任务时间/h	后续备件保障概率 仿真结果	后续备件保障概率 评估结果	初始备件保障概率
1300	0.929	0.927	0.964
1400	0.909	0.906	0.951
1500	0.897	0.883	0.935
1600	0.859	0.857	0.918
1700	0.837	0.829	0.897
1800	0.792	0.799	0.874
1900	0.767	0.768	0.849
2000	0.748	0.735	0.822
2100	0.685	0.700	0.793
2200	0.668	0.666	0.762
2300	0.630	0.630	0.730
2400	0.586	0.595	0.697
2500	0.556	0.560	0.664
2600	0.535	0.525	0.630
2700	0.505	0.491	0.596
2800	0.435	0.458	0.562
2900	0.425	0.426	0.528
3000	0.401	0.395	0.495

从以上结果可以看出，若忽略单元的已工作时间，则会得到过高的备件保障概率评估结果，从而增大任务失败的风险。

3.3.2 正态型单元

机械件寿命一般服从正态分布，如汇流环、齿轮箱、减速器等[4]。正态分布的物理含义详见 2.3.2 节。针对寿命服从 $N(a,b^2)$ 的正态型单元，利用正态分布的卷积可加性，这里给出后续备件需求量计算方法的要点。

(1) 正态型单元的剩余寿命失效度 $F(t|t_1)$ 为

$$F(t|t_1) = P(x'<t|t_1) = \frac{\frac{1}{\sqrt{2\pi}b}\int_{t_1}^{t+t_1} e^{-\frac{(x-a)^2}{2b^2}} dx}{1 - \frac{1}{\sqrt{2\pi}b}\int_{0}^{t_1} e^{-\frac{(x-a)^2}{2b^2}} dx}$$

(2) 计算备件数量为 j 时的备件保障概率 Ps 为

$$\text{Ps} = \begin{cases} 1 - \dfrac{\dfrac{1}{\sqrt{2\pi}b}\int_{t_1}^{\text{Tw}+t_1} e^{-\frac{(x-a)^2}{2b^2}} dx}{1 - \dfrac{1}{\sqrt{2\pi}b}\int_0^{t_1} e^{-\frac{(x-a)^2}{2b^2}} dx}, & j = 0 \\ 1 - \dfrac{1}{\sqrt{2\pi j}b}\int_0^{\text{Tw}} F(\text{Tw}-x|t_1) e^{-\frac{(x-ja)^2}{2jb^2}} dx, & j > 0 \end{cases} \quad (3.3.2)$$

(3) 设置所述单元备件保障概率阈值,令 j 从 0 开始逐一递增,使得所述备件保障概率 Ps 不小于所述概率阈值的 j 值即为所计算出的备件需求量。

例 3.3.2 某单元的寿命服从正态分布 $N(1000, 350^2)$,该单元已累计工作 750h 且未发生故障,预计下一任务该单元的计划工作时间 Tw 为 2500h,要求备件保障概率不小于 0.85,计算为该任务准备的备件需求量。

解 该单元剩余寿命的失效度为

$$F(t|750) = \frac{\dfrac{1}{350\sqrt{2\pi}}\int_{750}^{t+750} e^{-\frac{(x-1000)^2}{2\times 350^2}} dx}{1 - \dfrac{1}{350\sqrt{2\pi}}\int_0^{750} e^{-\frac{(x-1000)^2}{2\times 350^2}} dx}$$

令备件数量从 0 开始逐一递增,当备件保障概率的评估结果大于 0.85 时,停止计算,计算过程的中间结果见表 3.3.3,表中包含了对每一个备件数量值的备件保障概率的仿真验证情况。

表 3.3.3 正态型单元后续备件需求量计算过程的中间结果

备件数量	备件保障概率	
	仿真结果	评估结果
0	0.000	0.000
1	0.008	0.010
2	0.409	0.419
3	0.903	0.913

由表 3.3.3 可知,当备件需求量为 3 时,备件保障概率能满足不低于 0.85 的备件保障概率要求,且由式(3.3.2)计算的备件保障概率评估结果与仿真结果极为接近。

图 3.3.2、表 3.3.4 显示了例 3.3.2 中当备件数量为 3,任务时间在 1000~3000h

的后续备件的备件保障概率仿真结果和评估结果。为了对初始备件和后续备件有更进一步的直观认识,这里同时计算了不考虑单元已工作时间的初始备件的备件保障概率。

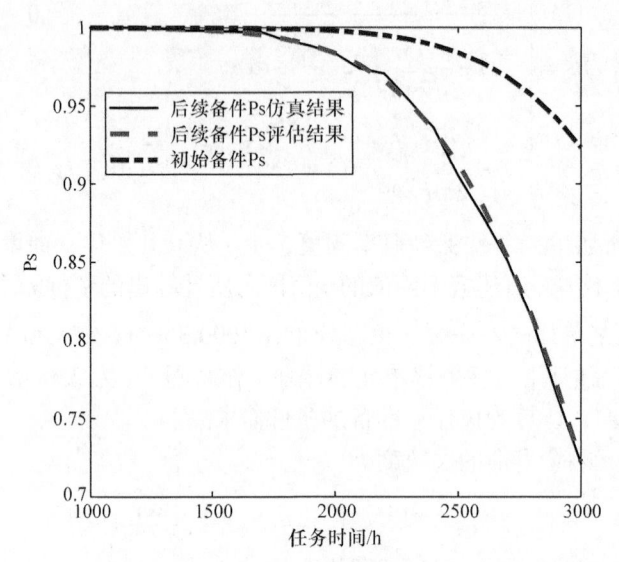

图 3.3.2　正态型单元的后续备件保障概率和初始备件保障概率

表 3.3.4　正态型单元的后续备件保障概率和初始备件保障概率

任务时间/h	后续备件保障概率 仿真结果	后续备件保障概率 评估结果	初始备件保障概率
1000	1.000	1.000	1.000
1100	1.000	1.000	1.000
1200	1.000	1.000	1.000
1300	0.999	0.999	1.000
1400	0.998	0.999	1.000
1500	0.998	0.998	1.000
1600	0.997	0.997	1.000
1700	0.997	0.995	0.999
1800	0.992	0.993	0.999
1900	0.988	0.989	0.999
2000	0.983	0.984	0.998
2100	0.974	0.976	0.997
2200	0.971	0.966	0.995
2300	0.954	0.953	0.992

续表

任务时间/h	后续备件保障概率 仿真结果	后续备件保障概率 评估结果	初始备件保障概率
2400	0.936	0.935	0.989
2500	0.905	0.913	0.984
2600	0.879	0.886	0.977
2700	0.851	0.853	0.968
2800	0.813	0.815	0.957
2900	0.765	0.771	0.942
3000	0.721	0.722	0.923

3.3.3 韦布尔型单元

韦布尔分布主要用来描述失效率随时间变化的产品寿命，解释因老化、磨损而导致的故障统计规律，适用于机电类产品，如滚珠轴承、继电器、开关、断路器、某些电容器、电子管、磁控管、电位计、陀螺、电动机、航空发电机、蓄电池、液压泵、空气涡轮发动机、齿轮、活门、材料疲劳件等[4]。韦布尔分布 $W(a,b)$ 的密度函数 $f(x) = ba^{-b}x^{b-1}e^{-(x/a)^b}$，分布函数 $F(x) = 1 - e^{-(x/a)^b}$，其中参数 a 称为尺度参数，参数 b 称为形状参数。针对寿命服从 $W(a,b)$ 的韦布尔型单元，结合 2.3.4 节中韦布尔型单元的相关结论，这里给出后续备件需求量计算方法的要点。

(1) 韦布尔型单元剩余寿命的失效度 $F(t|t_1)$ 为

$$F(t|t_1) = P(x' < t | t_1) = \frac{e^{-(t_1/a)^b} - e^{-((t+t_1)/a)^b}}{e^{-(t_1/a)^b}}$$

(2) 计算备件数量为 j 时的备件保障概率 Ps 为

$$\text{Ps} = \begin{cases} 1 - \dfrac{e^{-(t_1/a)^b} - e^{-((Tw+t_1)/a)^b}}{e^{-(t_1/a)^b}}, & j = 0 \\ 1 - \int_0^{Tw} F(Tw - x | t_1) p(x) dx, & j > 0 \end{cases} \quad (3.3.3)$$

式中，$p(x)$ 为 j 个韦布尔型单元寿命之和的概率密度函数，具体函数形式参看 2.3.4 节介绍的 GN 近似法。

(3) 设置所述单元备件保障概率阈值，令 j 从 0 开始逐一递增，使得所述备件保障概率 Ps 不小于所述概率阈值的 j 值即为所计算出的备件需求量。

以上韦布尔型单元的后续备件需求量计算方法使用了 GN 近似法，因此也是一种近似计算方法。

例 3.3.3 某单元的寿命服从韦布尔分布 $W(1000,1.9)$，该单元已累计工作 650h 且未发生故障，预计下一任务该单元的计划工作时间 Tw 为 2000h，要求备件保障概率不小于 0.85，计算该任务的备件需求量。

解 该单元剩余寿命的失效度为

$$F(t|650) = 1 - \frac{e^{-0.650^{1.9}} - e^{-((t+650)/1000)^{1.9}}}{e^{-0.65^{1.9}}}$$

令备件数量从 0 开始逐一递增，当备件保障概率的评估结果大于 0.85 时，停止计算，计算过程的中间结果见表 3.3.5，表中包含了对每一个备件数量值的备件保障概率的仿真验证情况。

表 3.3.5 韦布尔型单元后续备件需求量计算过程的中间结果

备件数量	备件保障概率	
	仿真结果	评估结果
0	0.002	0.003
1	0.148	0.160
2	0.607	0.601
3	0.900	0.911

由表 3.3.5 可知，当备件需求量为 3 时，备件保障概率能满足不低于 0.85 的备件保障概率要求，且由式(3.3.3)计算的备件保障概率评估结果与仿真结果极为接近。

图 3.3.3、表 3.3.6 显示了例 3.3.3 中当备件数量为 3，任务时间在 1000~3000h

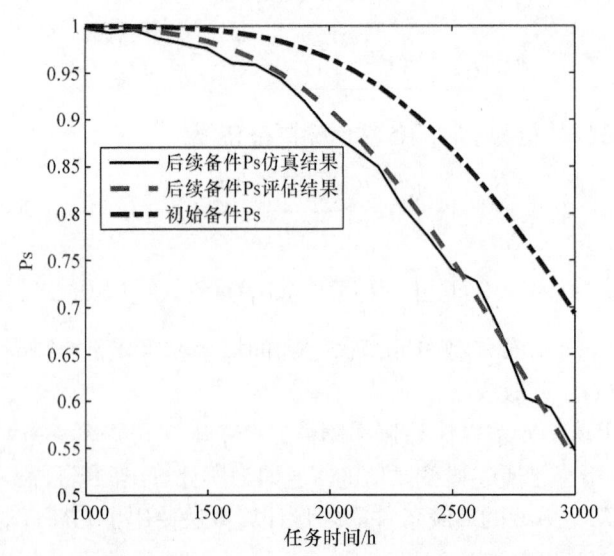

图 3.3.3 韦布尔型单元的后续备件保障概率和初始备件保障概率

的后续备件的备件保障概率仿真结果和评估结果。为了对初始备件和后续备件有更进一步的直观认识，这里同时计算了不考虑单元已工作时间的初始备件的备件保障概率。

表 3.3.6 韦布尔型单元的后续备件保障概率和初始备件保障概率

任务时间/h	后续备件保障概率 仿真结果	后续备件保障概率 评估结果	初始备件保障概率
1000	0.998	0.999	1.000
1100	0.993	0.998	1.000
1200	0.995	0.997	0.999
1300	0.987	0.994	0.999
1400	0.981	0.990	0.998
1500	0.976	0.984	0.996
1600	0.961	0.975	0.993
1700	0.958	0.964	0.989
1800	0.944	0.950	0.984
1900	0.920	0.932	0.976
2000	0.887	0.911	0.965
2100	0.869	0.886	0.952
2200	0.849	0.857	0.936
2300	0.807	0.824	0.917
2400	0.776	0.789	0.894
2500	0.740	0.751	0.868
2600	0.727	0.710	0.838
2700	0.672	0.667	0.806
2800	0.603	0.624	0.770
2900	0.592	0.580	0.733
3000	0.547	0.535	0.693

3.3.4 对数正态型单元

对数正态分布是可靠性中常用的寿命分布，有许多单元(如绝缘体、半导体元器件、金属疲劳等)的寿命都服从对数正态分布[1]。针对寿命服从 $LN(a,b^2)$ 的对数正态型单元，当 $b<1.0$ 时，结合 2.3.3 节中对数正态型单元的相关结论，这里给出后续备件需求量计算方法的要点。

(1) 对数正态型单元剩余寿命的失效度 $F(t|t_1)$ 为

$$F(t|t_1) = P(x'<t|t_1) = \frac{\dfrac{1}{b\sqrt{2\pi}}\int_{t_1}^{t+t_1}\dfrac{e^{\frac{-(\ln(x)-a)^2}{2b^2}}}{x}\mathrm{d}x}{1-\dfrac{1}{b\sqrt{2\pi}}\int_0^{t_1}\dfrac{e^{\frac{-(\ln(x)-a)^2}{2b^2}}}{x}\mathrm{d}x}$$

(2) 计算备件数量为 j 时的备件保障概率 Ps 为

$$\mathrm{Ps} = \begin{cases} 1-\dfrac{\dfrac{1}{b\sqrt{2\pi}}\int_{t_1}^{\mathrm{Tw}+t_1}\dfrac{e^{\frac{-(\ln(x)-a)^2}{2b^2}}}{x}\mathrm{d}x}{1-\dfrac{1}{b\sqrt{2\pi}}\int_0^{t_1}\dfrac{e^{\frac{-(\ln(x)-a)^2}{2b^2}}}{x}\mathrm{d}x}, & j=0 \\ 1-\int_0^{\mathrm{Tw}}F(\mathrm{Tw}-x|t_1)p(x)\mathrm{d}x, & j>0 \end{cases} \quad (3.3.4)$$

式中，$p(x)$ 为 j 个对数正态型单元寿命之和的概率密度函数，具体函数形式参见 2.3.3 节。

(3) 设置所述单元备件保障概率阈值，令 j 从 0 开始逐一递增，使得所述备件保障概率 Ps 不小于所述概率阈值的 j 值即为所计算出的备件需求量。

例 3.3.4 某单元的寿命服从对数正态分布 $\mathrm{LN}(6.5,0.5^2)$，该单元累计工作时间 t_1 为 650h 且未发生故障，预计下一任务该单元的计划工作时间 Tw 为 2000h，要求备件保障概率不小于 0.85，计算该任务的备件需求量。

解 该单元剩余寿命的失效度为

$$F(t|650) = \frac{\dfrac{1}{0.5\sqrt{2\pi}}\int_{650}^{t+650}\dfrac{e^{\frac{-(\ln(x)-6.5)^2}{0.5}}}{x}\mathrm{d}x}{1-\dfrac{1}{0.5\sqrt{2\pi}}\int_0^{650}\dfrac{e^{\frac{-(\ln(x)-6.5)^2}{0.5}}}{x}\mathrm{d}x}$$

令备件数量从 0 开始逐一递增，当备件保障概率的评估结果大于 0.85 时，停止计算，计算过程的中间结果见表 3.3.7，表中包含了对每一个备件数量值的备件保障概率的仿真验证情况。

表 3.3.7 对数正态型单元后续备件需求量计算过程的中间结果

备件数量	备件保障概率	
	仿真结果	评估结果
0	0.007	0.005
1	0.066	0.072
2	0.386	0.385
3	0.778	0.785
4	0.969	0.963

由表 3.3.7 可知，当备件需求量为 4 时，备件保障概率能满足不低于 0.85 的备件保障概率要求，且由式(3.3.4)计算的备件保障概率评估结果与仿真结果极为接近。

图 3.3.4、表 3.3.8 显示了例 3.3.4 中当备件数量为 4，任务时间在 1000~3000h 的后续备件的备件保障概率仿真结果和评估结果。为了对初始备件和后续备件有更进一步的直观认识，这里同时计算了不考虑单元已工作时间的初始备件的备件保障概率。

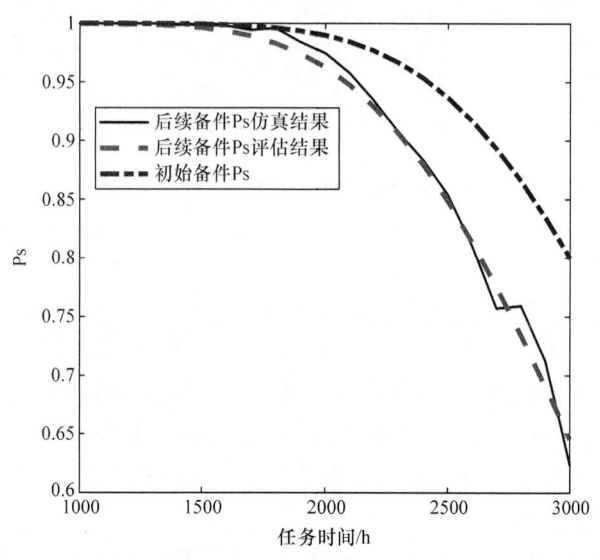

图 3.3.4 对数正态型单元的后续备件保障概率和初始备件保障概率

表 3.3.8 对数正态型单元的后续备件保障概率和初始备件保障概率

任务时间/h	后续备件保障概率 仿真结果	后续备件保障概率 评估结果	初始备件保障概率
1000	1.000	1.000	1.000
1100	1.000	1.000	1.000
1200	1.000	1.000	1.000
1300	1.000	0.999	1.000
1400	0.999	0.998	1.000
1500	0.999	0.996	0.999
1600	0.998	0.994	0.999
1700	0.995	0.989	0.998
1800	0.996	0.983	0.996
1900	0.984	0.974	0.994
2000	0.975	0.963	0.990
2100	0.958	0.948	0.984
2200	0.935	0.929	0.977
2300	0.907	0.906	0.967
2400	0.883	0.879	0.953
2500	0.854	0.848	0.937
2600	0.810	0.814	0.917
2700	0.757	0.775	0.893
2800	0.759	0.734	0.866
2900	0.712	0.691	0.834
3000	0.624	0.645	0.800

3.3.5 指数型单元

一般来说，正常使用的电子零部件都属于指数寿命件，如印制电路板插件、电子部件、电阻、电容、集成电路等[4]。对于寿命服从指数分布 $Exp(a)$ 的单元而言，其剩余寿命仍然服从指数分布 $Exp(a)$，这是指数分布的"无记忆"特点[1]。因此，对于未发生故障的指数型单元而言，在每次任务开始之前都可以把该单元视为"新品"，或者说指数型单元没有"新品"与"旧品"的区别，只有故障单元和正常单元的区别。

以寿命服从指数分布 $Exp(500)$ 的单元为例，该单元已经累计工作了 650h，当备件数量为 4，任务时间为 1000～3000h 时，分别用 2.2 节的初始备件保障概率计算方法、3.2 节考虑单元已工作时间的备件保障仿真模型及考虑单元已工作时间的评估方法计算备件保障概率，结果见图 3.3.5 和表 3.3.9。

第 3 章 后续备件

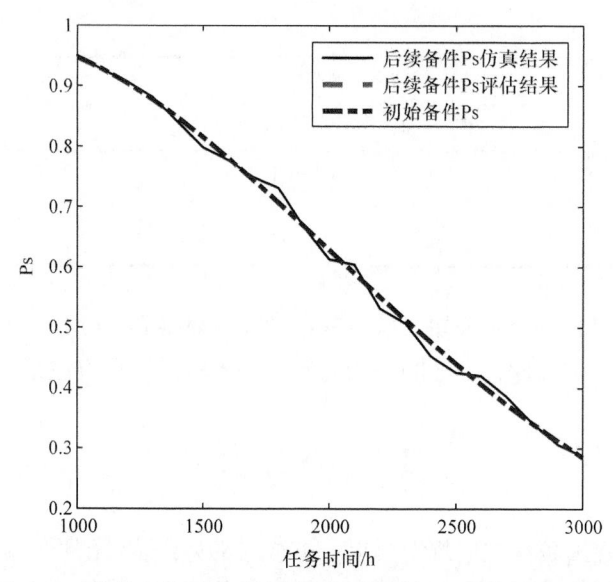

图 3.3.5 指数型单元的后续备件保障概率和初始备件保障概率

表 3.3.9 指数型单元的后续备件保障概率和初始备件保障概率

任务时间/h	后续备件保障概率		初始备件保障概率
	仿真结果	评估结果	
1000	0.950	0.947	0.947
1100	0.926	0.928	0.928
1200	0.906	0.904	0.904
1300	0.881	0.877	0.877
1400	0.840	0.848	0.848
1500	0.798	0.815	0.815
1600	0.777	0.781	0.781
1700	0.749	0.744	0.744
1800	0.731	0.706	0.706
1900	0.666	0.668	0.668
2000	0.613	0.629	0.629
2100	0.605	0.590	0.590
2200	0.531	0.551	0.551
2300	0.507	0.513	0.513
2400	0.453	0.476	0.476
2500	0.425	0.440	0.440
2600	0.420	0.406	0.406
2700	0.387	0.373	0.373

续表

任务时间/h	后续备件保障概率 仿真结果	后续备件保障概率 评估结果	初始备件保障概率
2800	0.343	0.342	0.342
2900	0.306	0.313	0.313
3000	0.287	0.285	0.285

由图 3.3.5 和表 3.3.9 可知，这三种备件保障概率高度吻合。这说明指数型单元的后续备件需求量计算方法的确和初始备件需求量计算方法是相同的。

3.4 小　　结

后续备件在《备件供应规划要求》中被定义为：装备已形成初始战斗力且订购方已具有备件保障能力后，在规定时间内装备使用与维修所需补充的备件。本章将其进一步定义为已列装且工作了一段时间产品所需的备件。后续备件和初始备件的主要区别在于是否考虑了装备上的产品是否已经工作了一段时间这个因素。如果单元是旧品，除指数型单元外，其他如伽马型单元、正态型单元、韦布尔型单元和对数正态型单元都应该按照本章介绍的方法来计算后续备件需求量；只有在单元是新品的情况下，才能使用第 2 章的方法，否则会高估备件保障概率，增大任务失败的风险。本章从剩余寿命分布函数出发，利用伽马/正态分布的卷积可加性，把备件需求量计算涉及的多重卷积简化为卷积，给出了伽马型单元、正态型单元、韦布尔型单元和对数正态型单元的后续备件需求量计算方法。其中，针对伽马型单元和正态型单元的方法是严格的理论方法，针对韦布尔型单元和对数正态型单元的方法是近似方法。仿真验证结果表明，本章介绍的方法准确度高，满足工程要求。

参 考 文 献

[1] 张志华. 可靠性理论及工程应用[M]. 北京：科学出版社，2012.
[2] 茆诗松，程依明，濮晓龙. 概率论与数理统计教程[M]. 2 版. 北京：高等教育出版社，2010.
[3] 李华，李庆民. 面向任务的多级备件方案评估技术[M]. 北京：兵器工业出版社，2015.
[4] 中国人民解放军空军标准化办公室. 备件供应规划要求：GJB 4355—2002[S]. 北京：中国人民解放军总装备部，2003.

第4章 有 寿 件

有寿件是规定了预防性维修更换或报废期限及可以预计使用寿命的一类产品[1]，亦称限寿件。把故障后可能造成严重后果的零部件作为有寿件使用，能有效地预防故障发生，更好地保持装备的战备完好状态。

有寿件的换件维修有两种：到寿更换和故障更换。前者是指有寿件工作到其规定期限还未发生故障需要进行预防性维修而进行的更换。后者是指有寿件未工作到规定期限就已发生故障而进行的更换。在计算有寿件的备件需求量时，需要综合考虑这两种更换形成的备件需求。国内关于有寿件备件需求的研究不多，常用的做法是在实际平均消耗数量的基础上再乘以一个大于1的加权系数将其作为有寿件的备件需求量[1]，这是一种更偏重经验的做法，难以量化其备件保障效果，如计算备件保障概率等。

本章把上述规定期限统一称为更换期限。为便于论述，在本章及后续章节中约定以时间来度量寿命以及相关联的更换期限和任务长度等概念。但在相关算例中，未进一步具体指出寿命、更换期限和任务时间等概念的物理单位是小时、天还是年，其原因在于作者考虑到实际上也存在用其他物理量来度量这些概念的情况，例如，用行驶的公里数来度量车辆的寿命，用已发射的炮弹数量来度量炮管的寿命等。作者希望读者能从更广义的角度去理解上述概念的时间含义。

本章给出的有寿件备件需求量计算方法，针对的是初始备件，但其思路也适用于后续备件。

4.1 有寿件的备件保障仿真模型

对于有寿件而言，需要把它的寿命进一步区分为自然寿命和工作寿命。自然寿命是指单元从开始工作一直到因故障而报废的自然过程。工作寿命考虑了更换期限的影响，它是在更换期限内，单元从开始工作一直到因故障而报废或者因到达期限而更换这一段时间。显然，工作寿命不大于更换期限。在备件保障过程中，有寿件是以工作寿命而不是自然寿命参与其中的。

作如下约定：已知有寿件自然寿命的分布规律，其更换期限为 Td，保障任务时间为 Tw，备件数量为 S。以下为有寿件备件保障仿真模型的主要流程。

(1) 模拟自然寿命。产生 $1+S$ 个随机数 t_i，t_i 服从有寿件自然寿命的分布规律。

(2) 模拟工作寿命。对这 $1+S$ 个随机数 t_i 进行遍历修正，得到 $\tilde{t}_i$ 为

$$\tilde{t}_i = \begin{cases} t_i, & t_i \leqslant \mathrm{Td} \\ \mathrm{Td}, & t_i > \mathrm{Td} \end{cases}$$

(3) 计算保障结果 Fs。计算累积工作时间 $\mathrm{simTw} = \sum_{i=1}^{1+S} \tilde{t}_i$，Fs 为

$$\mathrm{Fs} = \begin{cases} 0, & \mathrm{simTw} < \mathrm{Tw} \\ 1, & \mathrm{simTw} \geqslant \mathrm{Tw} \end{cases}$$

Fs 的物理含义是保障任务成功与否的标志。在多次运行该仿真模型后，对 Fs 进行统计，其均值既是保障任务成功率，同时也是备件保障概率[2]。

理论上，有寿件的备件保障概率也可以通过卷积计算出来，只是随着备件数量的增大，卷积的数值计算量会呈指数增长，导致越来越难以在有限时间内得到结果。因此，表 4.1.1～表 4.1.5 仅列出了备件数量等于 3 时，自然寿命服从常用分布的有寿件，更换期限分别为 40 天、60 天，分别使用仿真模型和卷积得到的两种备件保障概率结果。

表 4.1.1　自然寿命服从指数分布 Exp(80) 的有寿件的备件保障概率仿真结果和卷积结果

更换期限/天	任务时间/天	仿真结果	卷积结果
40	70	0.972	0.973
	90	0.907	0.906
	110	0.743	0.747
	130	0.463	0.474
	150	0.217	0.235
60	70	0.988	0.987
	90	0.964	0.961
	110	0.906	0.909
	130	0.824	0.823
	150	0.683	0.682

表 4.1.2　自然寿命服从伽马分布 Ga(2.1,30) 的有寿件的备件保障概率仿真结果和卷积结果

更换期限/天	任务时间/天	仿真结果	卷积结果
40	70	0.998	0.998
	90	0.983	0.981
	110	0.901	0.904
	130	0.672	0.685
	150	0.313	0.334

续表

更换期限/天	任务时间/天	仿真结果	卷积结果
60	70	0.998	0.998
	90	0.991	0.992
	110	0.971	0.970
	130	0.914	0.916
	150	0.798	0.808

表 4.1.3　自然寿命服从正态分布 $N(80,25^2)$ 的有寿件的备件保障概率仿真结果和卷积结果

更换期限/天	任务时间/天	仿真结果	卷积结果
40	120	0.998	0.998
	130	0.986	0.990
	140	0.963	0.967
	150	0.914	0.912
	160	0.000	0.005
60	150	0.999	0.999
	170	0.994	0.994
	190	0.968	0.968
	210	0.866	0.868
	230	0.591	0.599

表 4.1.4　自然寿命服从韦布尔分布 $W(80,1.8)$ 的有寿件的备件保障概率仿真结果和卷积结果

更换期限/天	任务时间/天	仿真结果	卷积结果
40	70	1.000	1.000
	90	0.994	0.995
	110	0.960	0.960
	130	0.816	0.817
	150	0.489	0.490
60	150	0.919	0.918
	170	0.804	0.807
	190	0.621	0.624
	210	0.380	0.380
	230	0.167	0.171

表 4.1.5　自然寿命服从对数正态分布 LN(4.1,0.6^2)的有寿件的备件保障概率仿真结果和卷积结果

更换期限/天	任务时间/天	仿真结果	卷积结果
40	80	1.000	1.000
	100	0.998	0.999
	120	0.975	0.975
	140	0.793	0.791
	160	0.000	0.003
60	150	0.951	0.953
	170	0.855	0.854
	190	0.650	0.660
	210	0.378	0.379
	230	0.138	0.139

从以上结果可以看出，各有寿件的备件保障概率仿真结果和理论上的卷积结果高度吻合，本节的有寿件备件保障仿真模型可用于后续的仿真验证工作。本章把自然寿命分别服从指数分布、伽马分布、正态分布、韦布尔分布和对数正态分布的有寿件称为指数型有寿件、伽马型有寿件、正态型有寿件、韦布尔型有寿件和对数正态型有寿件。

4.2　伽马近似法

有寿件在任务期内可能出现两种类型的换件维修：一种是因为故障的意外发生而换件维修；另一种是因为累积工作时间到达了更换期限的到寿更换。对于有寿件而言，意外或明天都有可能先于对方发生。能否把这两种换件维修情况都归一化成"因发生故障而换件维修"这一种情况呢？伽马分布 Ga(a,b) 常用来描述类似"冲击"引起的故障，假若单元能经受若干次外界冲击，但当单元受冲击次数累积到一定次数时就产生故障。到寿更换在现象上与伽马分布在某次"冲击"后发生故障的现象有相似之处，都是在某种情况下单元"戛然而止"。因此，可尝试以伽马分布来近似描述有寿件工作寿命的分布，即把有寿件的工作寿命用伽马分布来描述，然后以自然寿命服从该伽马分布为基础，利用伽马的卷积可加性特点，避开多重卷积数值计算，完成有寿件备件需求量的计算等工作。

本章把该思路的方法称为有寿件备件需求量的伽马近似法，简称为伽马近似法。伽马近似法主要有两个步骤。

(1) 以伽马分布来描述有寿件的工作寿命。

完成这一步骤的方法很多。本节介绍一种仿真的方法。该方法首先大量模拟有寿件的工作寿命数据，然后对该数据进行伽马分布拟合，以拟合结果来近似描述有寿件工作寿命的分布规律。

① 模拟自然寿命。产生 1000 个随机数 t_i，t_i 服从有寿件的自然寿命分布规律。

② 模拟工作寿命。对这 1000 个随机数 t_i 进行遍历修正，得到 $\tilde{t}_i$ 为

$$\tilde{t}_i = \begin{cases} t_i, & t_i < \text{Td} \\ \text{Td}, & t_i > \text{Td} \end{cases}$$

③ 对 $\tilde{t}_i$ 进行伽马分布拟合计算，计算结果记为 $\text{Ga}(a,b)$。

(2) 计算备件数量为 j 时的备件保障概率 Ps。

对于自然寿命服从伽马分布 $\text{Ga}(a,b)$ 的单元，其密度函数 $f(x) = \dfrac{1}{b^a \Gamma(a)} x^{a-1} e^{\frac{-x}{b}}$，当备件数量为 j 时，其累积工作时间服从伽马分布 $\text{Ga}((1+j)a,b)$，则备件保障概率 Ps 为

$$\text{Ps} = 1 - \frac{1}{b^{(1+j)a} \Gamma((1+j)a)} \int_0^{\text{Tw}} x^{(1+j)a-1} e^{\frac{-x}{b}} \mathrm{d}x \tag{4.2.1}$$

(3) 设置所述单元备件保障概率阈值，令 j 从 $\dfrac{\text{Tw}}{\text{Td}}$（取整数）开始逐一递增，使得所述备件保障概率 Ps 不小于所述概率阈值的 j 值即为所计算出的备件需求量。

以自然寿命服从伽马分布 $\text{Ga}(1.7, 260)$ 的有寿件为例，若更换期限为 365 天，任务时间为 1100 天，要求备件保障概率不低于 0.85，则按照伽马近似法，首先计算出近似描述该有寿件工作寿命的伽马分布为 $\text{Ga}(27.2, 12.4)$，当备件数量等于 3 时，累计工作时间服从伽马分布 $\text{Ga}(4 \times 27.2, 12.4)$，此时的备件保障概率为 0.979，满足备件保障要求。

4.3 正态近似法

有寿件在任务期内可能出现两种类型的换件维修，一种是因为故障的意外发生而换件维修，另一种是因为累计工作时间到达了更换期限的到寿更换。对于有寿件而言，意外或明天都有可能先于对方发生。经观察：有寿件的到寿更换意味着其工作寿命在某个时刻戛然而止。这与正态分布的集中故障[99.73%的正态变量落在 $(\mu - 3\sigma, \mu + 3\sigma)$ 范围内[3]]在现象上有相似之处，因此，可尝试以正态分布来近似描述有寿件工作寿命的分布，即把有寿件的工作寿命用正态分布来描述，然

后以自然寿命服从该正态分布为前提，利用正态的卷积可加性特点，避开多重卷积数值计算，完成有寿件备件需求量的计算等工作。

正态分布的卷积可加性[3]：设随机变量 X 服从正态分布 $N(a_1, b_1^2)$，随机变量 Y 服从正态分布 $N(a_2, b_2^2)$，且 X 和 Y 独立，则 $Z = X + Y$ 服从正态分布 $N(a_1 + a_2, b_1^2 + b_2^2)$。

本章把该思路的方法称为有寿件备件需求量的正态近似法，简称为正态近似法。正态近似法主要有两个步骤。

(1) 以正态分布来描述有寿件的工作寿命。

完成这一步骤的方法有很多。本节介绍一种仿真方法。该方法首先大量模拟有寿件的工作寿命数据，然后对该数据进行正态分布拟合，以拟合结果来近似描述有寿件工作寿命的分布规律。

① 模拟自然寿命。产生 1000 个随机数 $t_i (i = 1, 2, \cdots, 1000)$，$t_i$ 服从有寿件的自然寿命分布规律。

② 模拟工作寿命。对 t_i 进行遍历修正后得到 $\tilde{t}_i$

$$\tilde{t}_i = \begin{cases} t_i, & t_i < \text{Td} \\ \text{Td}, & t_i > \text{Td} \end{cases}$$

③ 对 $\tilde{t}_i$ 进行正态分布拟合计算，计算结果记为 $N(a, b^2)$。

(2) 计算备件数量为 j 时的备件保障概率 Ps。

对于自然寿命服从正态分布 $N(a, b^2)$ 的单元，其密度函数 $f(x) = \dfrac{1}{b\sqrt{2\pi}} e^{\frac{-(x-a)^2}{2b^2}}$，当备件数量为 j 时，其累积工作时间服从正态分布 $N((1+j)a, (1+j)b^2)$，则备件保障概率 Ps 为

$$\text{Ps} = 1 - \dfrac{1}{b\sqrt{2\pi(1+j)}} \int_0^{\text{Tw}} e^{\frac{-(t-(1+j)a)^2}{2(1+j)b^2}} \, dt \tag{4.3.1}$$

(3) 设置所述单元备件保障概率阈值，令 j 从 $\dfrac{\text{Tw}}{\text{Td}}$ (取整数)开始逐一递增，使得所述备件保障概率 Ps 不小于所述概率阈值的 j 值即为所计算出的备件需求量。

以自然寿命服从正态分布 $N(500, 180^2)$ 的有寿件为例，若更换期限为 365 天，任务时间为 1100 天，要求备件保障概率不低于 0.85，则按照正态近似法，首先计算出近似描述该有寿件工作寿命的正态分布为 $N(341.4, 58.4^2)$，当备件数量等于 3 时，累计工作时间服从正态分布 $N(4 \times 341.4, 4 \times 58.4^2)$，此时的备件保障概率为 0.989，满足备件保障要求。

4.4 评估备件保障效果

显然,无论是伽马近似法还是正态近似法,最关键的环节都是能否较为准确地评估出备件数量所对应的备件保障效果。本节以计算备件保障概率为例,利用 4.1 节的仿真模型,对基于伽马近似和正态近似的有寿件备件保障效果评估结果进行仿真验证。

在验证时,有寿件的备件数量为 5,对每个有寿件的工作寿命分别进行伽马近似和正态近似,按照更换期限内有寿件发生故障的概率分别不高于 0.2、0.3 和 0.4 来选定更换期限值 T_d,任务时间 T_w 的取值范围大致与备件保障概率 P_s 在 0.05~0.95 的时间相对应。为了直观地了解用伽马分布和正态分布描述有寿件工作寿命的相似程度,这里绘制了三者的失效度曲线。

图 4.4.1~图 4.4.3 和表 4.4.1 是有寿件自然寿命服从指数分布 Exp(1000) 的仿真验证结果。表 4.4.2 是两种近似评估结果与仿真结果的误差统计情况。

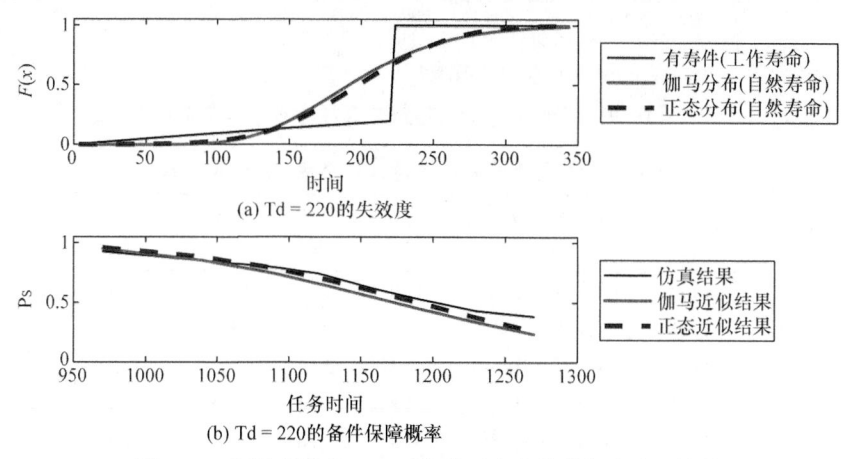

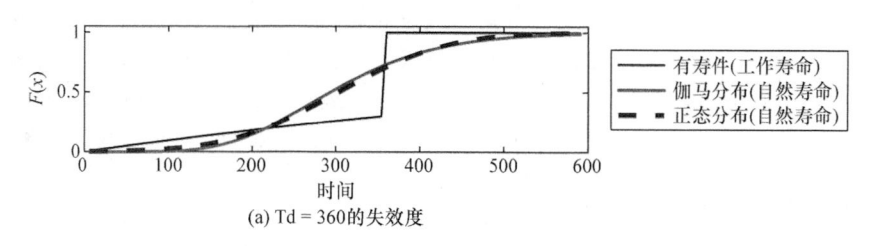

(a) T_d = 220 的失效度

(b) T_d = 220 的备件保障概率

图 4.4.1 更换期限为 220 时指数型有寿件的仿真验证结果

(a) T_d = 360 的失效度

(b) Td = 360 的备件保障概率

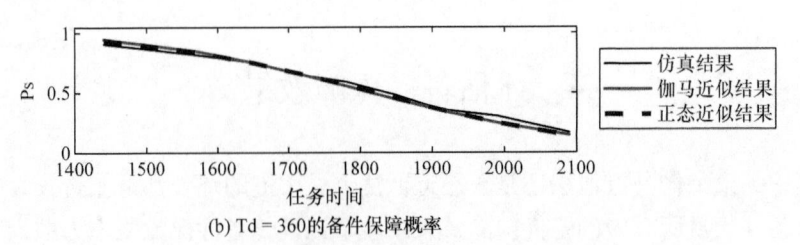

图 4.4.2　更换期限为 360 时指数型有寿件的仿真验证结果

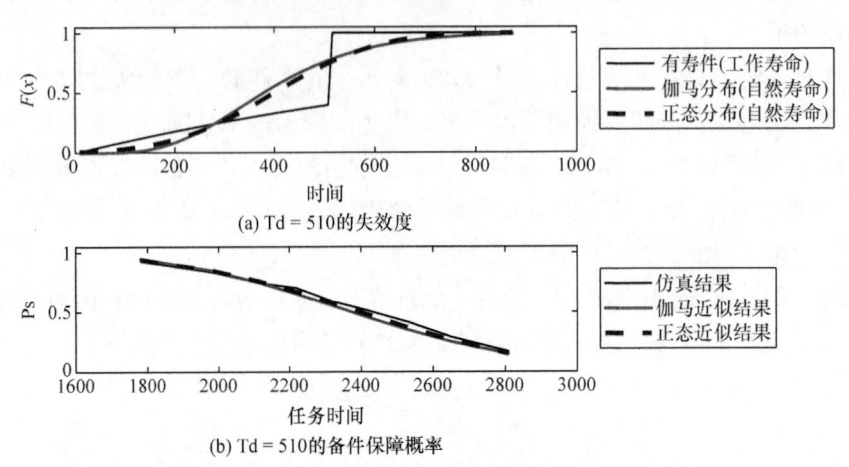

(a) Td = 510 的失效度

(b) Td = 510 的备件保障概率

图 4.4.3　更换期限为 510 时指数型有寿件的仿真验证结果

表 4.4.1　指数型有寿件的备件保障概率仿真验证结果

序号	更换期限	伽马参数 a	伽马参数 b	正态参数 a	正态参数 b	任务时间	仿真结果	伽马近似结果	正态近似结果
1	220	13.18	14.9	198.3	51.8	970	0.926	0.950	0.958
		13.18	14.9	198.3	51.8	1040	0.852	0.854	0.881
		13.18	14.9	198.3	51.8	1090	0.793	0.742	0.784
		13.18	14.9	198.3	51.8	1120	0.745	0.660	0.709
		13.18	14.9	198.3	51.8	1160	0.615	0.542	0.593
		13.18	14.9	198.3	51.8	1190	0.532	0.451	0.500
		13.18	14.9	198.3	51.8	1230	0.432	0.338	0.376
		13.18	14.9	198.3	51.8	1270	0.386	0.239	0.264
2	360	8.89	34.2	303.2	102.5	1440	0.907	0.948	0.935
		8.89	34.2	303.2	102.5	1570	0.817	0.849	0.840
		8.89	34.2	303.2	102.5	1650	0.754	0.753	0.750
		8.89	34.2	303.2	102.5	1720	0.648	0.651	0.654
		8.89	34.2	303.2	102.5	1780	0.592	0.556	0.562
		8.89	34.2	303.2	102.5	1850	0.482	0.445	0.451

第 4 章 有寿件

续表

序号	更换期限	伽马参数 a	伽马参数 b	正态参数 a	正态参数 b	任务时间	仿真结果	伽马近似结果	正态近似结果
2	360	8.89	34.2	303.2	102.5	1910	0.362	0.354	0.359
		8.89	34.2	303.2	102.5	1990	0.306	0.248	0.248
		8.89	34.2	303.2	102.5	2090	0.169	0.146	0.140
3	510	5.97	66.9	399.4	163.1	1780	0.931	0.949	0.939
		5.97	66.9	399.4	163.1	1980	0.839	0.853	0.851
		5.97	66.9	399.4	163.1	2120	0.745	0.746	0.756
		5.97	66.9	399.4	163.1	2220	0.706	0.654	0.671
		5.97	66.9	399.4	163.1	2320	0.591	0.554	0.576
		5.97	66.9	399.4	163.1	2420	0.513	0.454	0.477
		5.97	66.9	399.4	163.1	2530	0.418	0.351	0.369
		5.97	66.9	399.4	163.1	2650	0.292	0.252	0.263
		5.97	66.91	399.41	163.07	2810	0.17	0.15	0.15

表 4.4.2　指数型有寿件的备件保障概率评估结果的误差情况

序号	更换期限	伽马参数 a	伽马参数 b	正态参数 a	正态参数 b	伽马近似 最大误差	伽马近似 平均误差	正态近似 最大误差	正态近似 平均误差
1	220	13.18	14.9	198.3	51.8	0.147	0.070	0.122	0.042
2	360	8.89	34.2	303.2	102.5	0.058	0.026	0.058	0.023
3	510	5.97	66.9	399.4	163.1	0.067	0.034	0.049	0.024

图 4.4.4～图 4.4.6 和表 4.4.3 是有寿件自然寿命服从伽马分布 Ga(2.1,520) 的仿真验证结果。表 4.4.4 是两种近似评估结果与仿真结果的误差统计情况。

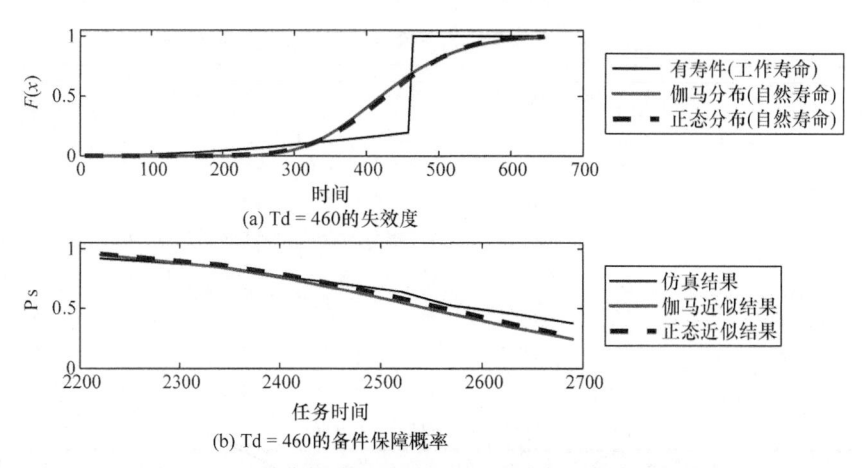

图 4.4.4　更换期限为 460 时伽马型有寿件的仿真验证结果

(a) Td = 610 的失效度

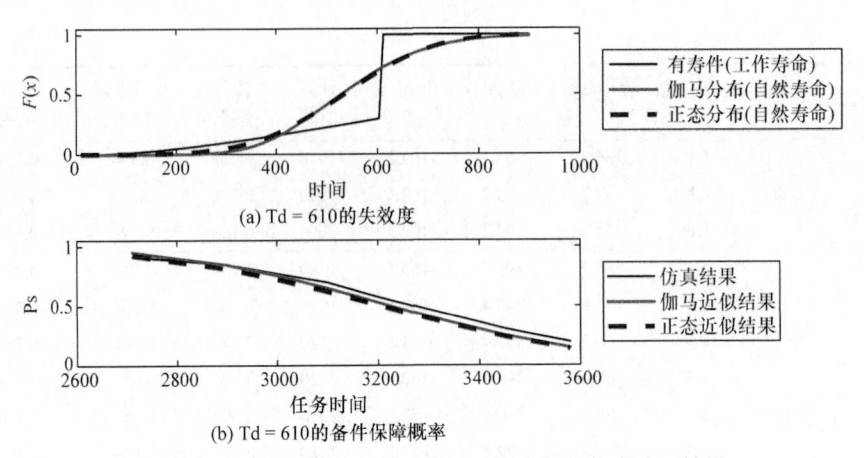

(b) Td = 610 的备件保障概率

图 4.4.5　更换期限为 610 时伽马型有寿件的仿真验证结果

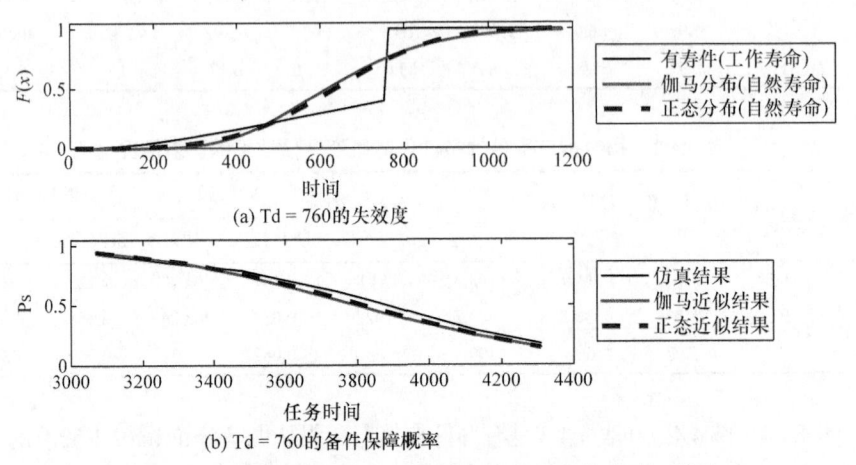

(a) Td = 760 的失效度

(b) Td = 760 的备件保障概率

图 4.4.6　更换期限为 760 时伽马型有寿件的仿真验证结果

表 4.4.3　伽马型有寿件的备件保障概率仿真验证结果

序号	更换期限	伽马参数 a	伽马参数 b	正态参数 a	正态参数 b	任务时间	仿真结果	伽马近似结果	正态近似结果
1	460	25.51	16.7	427.2	82.2	2220	0.918	0.951	0.956
		25.51	16.7	427.2	82.2	2340	0.854	0.848	0.866
		25.51	16.7	427.2	82.2	2410	0.761	0.749	0.777
		25.51	16.7	427.2	82.2	2470	0.700	0.645	0.678
		25.51	16.7	427.2	82.2	2520	0.642	0.550	0.585
		25.51	16.7	427.2	82.2	2570	0.524	0.453	0.487
		25.51	16.7	427.2	82.2	2630	0.459	0.343	0.370
		25.51	16.7	427.2	82.2	2690	0.378	0.246	0.265

续表

序号	更换期限	伽马参数 a	伽马参数 b	正态参数 a	正态参数 b	任务时间	仿真结果	伽马近似结果	正态近似结果
2	610	16.05	33.6	534.0	141.2	2710	0.914	0.951	0.923
		16.05	33.6	534.0	141.2	2900	0.849	0.847	0.810
		16.05	33.6	534.0	141.2	3010	0.765	0.748	0.712
		16.05	33.6	534.0	141.2	3100	0.699	0.649	0.618
		16.05	33.6	534.0	141.2	3180	0.599	0.554	0.527
		16.05	33.6	534.0	141.2	3270	0.500	0.445	0.424
		16.05	33.6	534.0	141.2	3350	0.414	0.353	0.336
		16.05	33.6	534.0	141.2	3450	0.306	0.252	0.238
		16.05	33.6	534.0	141.2	3580	0.197	0.149	0.138
3	760	10.63	59.8	635.8	191.3	3070	0.932	0.949	0.944
		10.63	59.8	635.8	191.3	3320	0.839	0.852	0.854
		10.63	59.8	635.8	191.3	3480	0.791	0.752	0.762
		10.63	59.8	635.8	191.3	3620	0.697	0.646	0.661
		10.63	59.8	635.8	191.3	3740	0.618	0.547	0.563
		10.63	59.8	635.8	191.3	3860	0.521	0.447	0.461
		10.63	59.8	635.8	191.3	3980	0.415	0.352	0.362
		10.63	59.8	635.8	191.3	4130	0.287	0.247	0.251
		10.63	59.8	635.8	191.3	4310	0.180	0.150	0.145

表 4.4.4　伽马型有寿件的备件保障概率评估结果的误差情况

序号	更换期限	伽马参数 a	伽马参数 b	正态参数 a	正态参数 b	伽马近似 最大误差	伽马近似 平均误差	正态近似 最大误差	正态近似 平均误差
1	460	25.51	16.7	427.2	82.2	0.132	0.065	0.113	0.048
2	610	16.05	33.6	534.0	141.2	0.061	0.041	0.081	0.059
3	760	10.63	59.8	635.8	191.3	0.074	0.044	0.060	0.037

图 4.4.7~图 4.4.9 和表 4.4.5 是有寿件自然寿命服从正态分布 $N(1000, 380^2)$ 的仿真验证结果。表 4.4.6 是两种近似评估结果与仿真结果的误差统计情况。

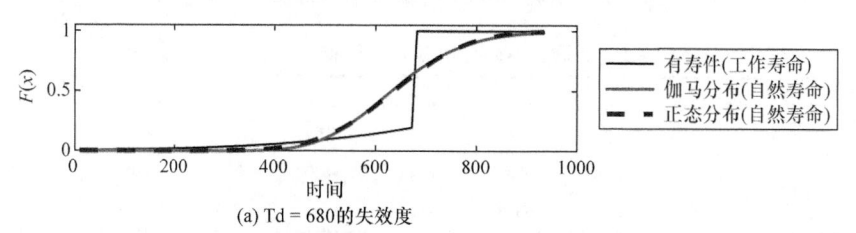

(a) Td = 680 的失效度

(b) Td = 680的备件保障概率

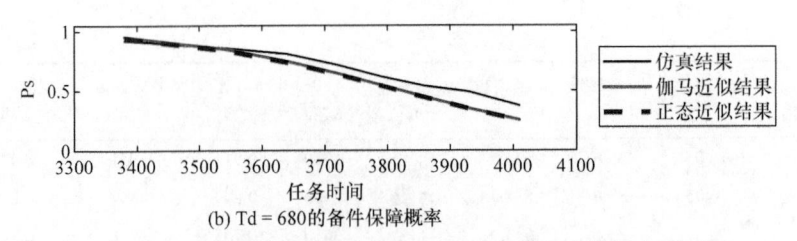

图 4.4.7　更换期限为 680 时正态型有寿件的仿真验证结果

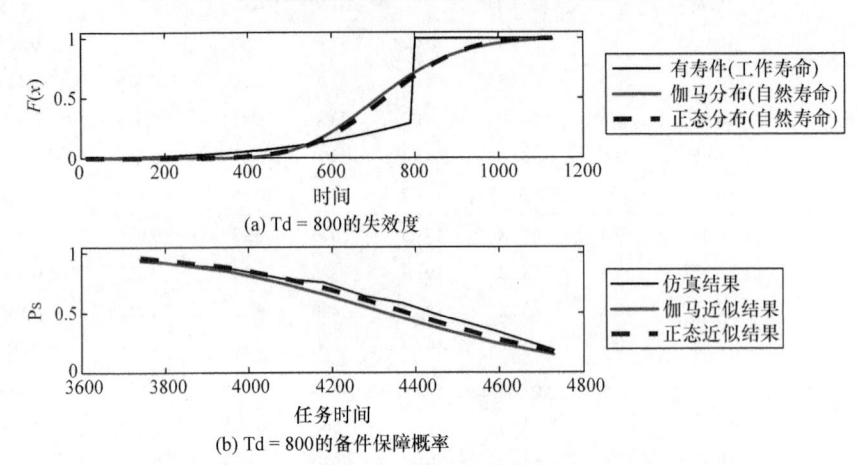

(a) Td = 800的失效度

(b) Td = 800的备件保障概率

图 4.4.8　更换期限为 800 时正态型有寿件的仿真验证结果

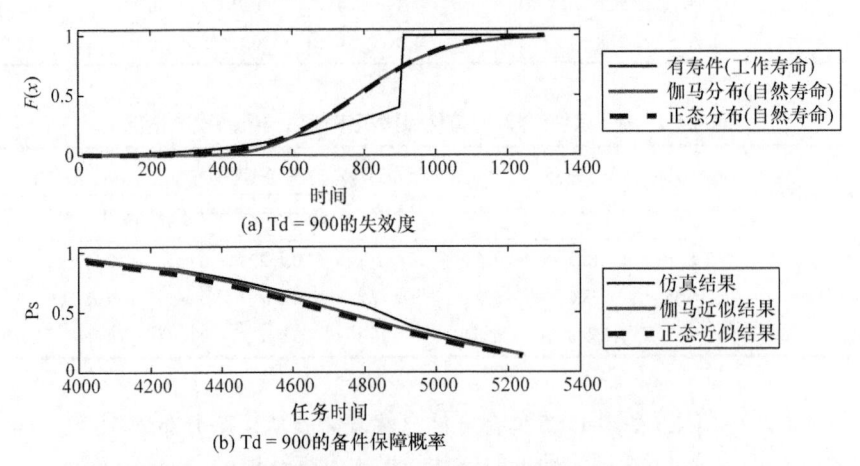

(a) Td = 900的失效度

(b) Td = 900的备件保障概率

图 4.4.9　更换期限为 900 时正态型有寿件的仿真验证结果

表 4.4.5　正态型有寿件的备件保障概率仿真验证结果

序号	更换期限	伽马参数 a	伽马参数 b	正态参数 a	正态参数 b	任务时间	仿真结果	伽马近似结果	正态近似结果
1	680	32.40	19.8	635.0	117.6	3400	0.913	0.950	0.923
		32.40	19.8	635.0	117.6	3560	0.819	0.846	0.807

续表

序号	更换期限	伽马参数 a	伽马参数 b	正态参数 a	正态参数 b	任务时间	仿真结果	伽马近似结果	正态近似结果
1	680	32.40	19.8	635.0	117.6	3650	0.779	0.752	0.711
		32.40	19.8	635.0	117.6	3730	0.684	0.649	0.610
		32.40	19.8	635.0	117.6	3800	0.621	0.550	0.514
		32.40	19.8	635.0	117.6	3870	0.556	0.448	0.418
		32.40	19.8	635.0	117.6	3940	0.449	0.352	0.326
		32.40	19.8	635.0	117.6	4020	0.345	0.253	0.233
2	800	24.15	30.1	724.4	156.7	3790	0.905	0.950	0.926
		24.15	30.1	724.4	156.7	3990	0.841	0.852	0.824
		24.15	30.1	724.4	156.7	4120	0.797	0.748	0.722
		24.15	30.1	724.4	156.7	4220	0.724	0.650	0.629
		24.15	30.1	724.4	156.7	4310	0.583	0.553	0.538
		24.15	30.1	724.4	156.7	4400	0.548	0.454	0.445
		24.15	30.1	724.4	156.7	4500	0.429	0.349	0.345
		24.15	30.1	724.4	156.7	4610	0.306	0.247	0.246
		24.15	30.1	724.4	156.7	4740	0.196	0.153	0.153
3	900	17.33	45.6	794.0	181.7	4010	0.929	0.949	0.955
		17.33	45.6	794.0	181.7	4270	0.861	0.848	0.867
		17.33	45.6	794.0	181.7	4420	0.784	0.754	0.780
		17.33	45.6	794.0	181.7	4550	0.719	0.654	0.685
		17.33	45.6	794.0	181.7	4670	0.612	0.553	0.584
		17.33	45.6	794.0	181.7	4790	0.532	0.450	0.477
		17.33	45.6	794.0	181.7	4910	0.400	0.352	0.372
		17.33	45.6	794.0	181.7	5050	0.304	0.251	0.260
		17.33	45.6	794.0	181.7	5230	0.157	0.150	0.148

表 4.4.6 正态型有寿件的备件保障概率评估结果的误差情况

序号	更换期限	伽马参数 a	伽马参数 b	正态参数 a	正态参数 b	伽马近似 最大误差	伽马近似 平均误差	正态近似 最大误差	正态近似 平均误差
1	680	32.40	19.8	635.0	117.6	0.108	0.062	0.138	0.081
2	800	24.15	30.1	724.4	156.7	0.094	0.054	0.103	0.060
3	900	17.33	45.6	794.0	181.7	0.082	0.042	0.055	0.026

图 4.4.10～图 4.4.12 和表 4.4.7 是有寿件自然寿命服从韦布尔分布 $W(1200,1.8)$ 的仿真验证结果。表 4.4.8 是两种近似评估结果与仿真结果的误差统计情况。

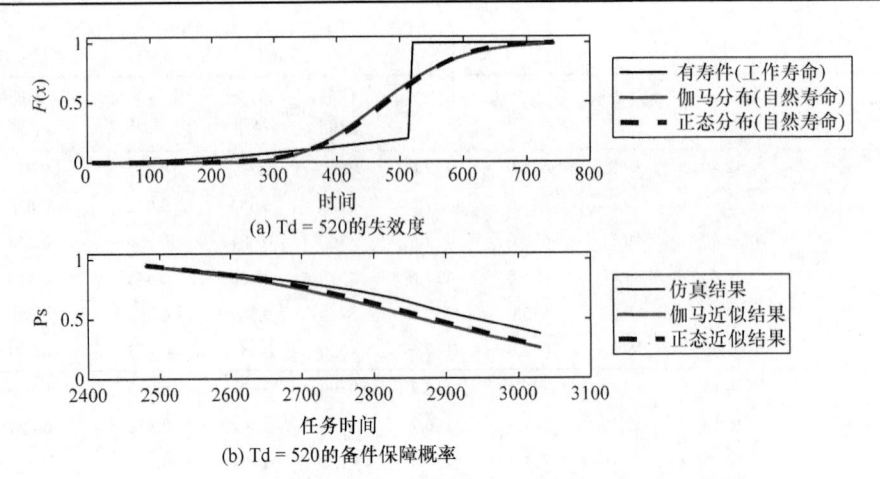

图 4.4.10　更换期限为 520 时韦布尔型有寿件的仿真验证结果

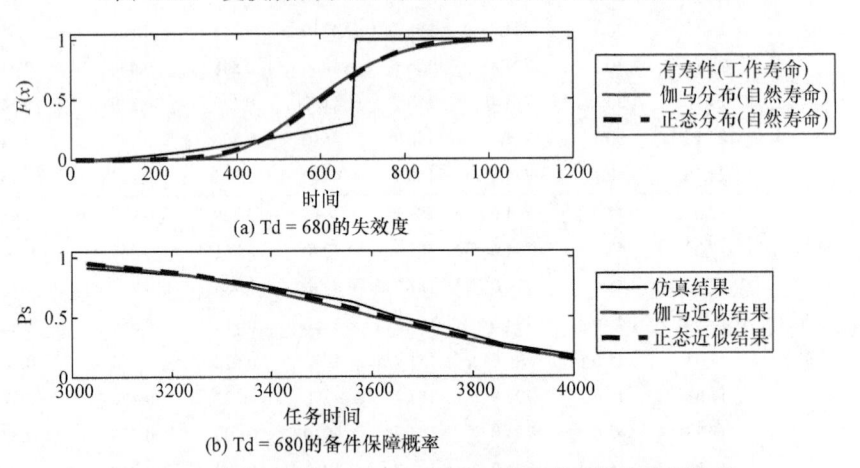

图 4.4.11　更换期限为 680 时韦布尔型有寿件的仿真验证结果

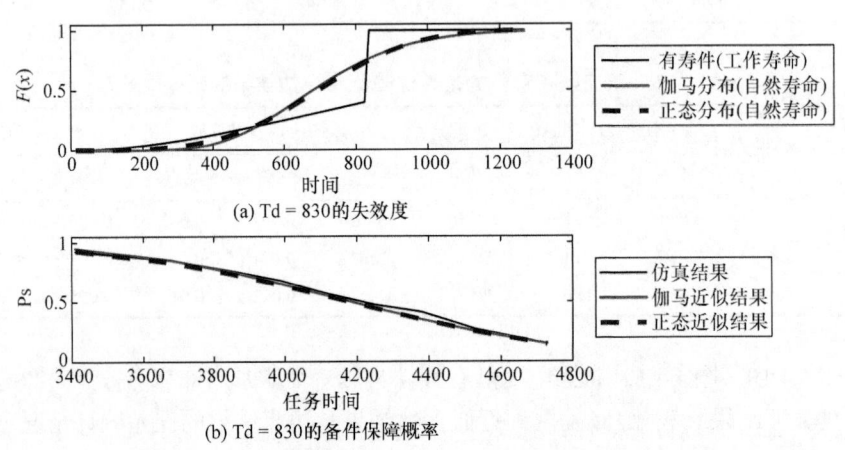

图 4.4.12　更换期限为 830 时韦布尔型有寿件的仿真验证结果

表 4.4.7　韦布尔型有寿件的备件保障概率仿真验证结果

序号	更换期限	伽马参数 a	伽马参数 b	正态参数 a	正态参数 b	任务时间	仿真结果	伽马近似结果	正态近似结果
1	520	22.61	21.2	479.8	97.5	2480	0.950	0.949	0.953
		22.61	21.2	479.8	97.5	2620	0.872	0.846	0.861
		22.61	21.2	479.8	97.5	2700	0.808	0.752	0.773
		22.61	21.2	479.8	97.5	2770	0.743	0.650	0.676
		22.61	21.2	479.8	97.5	2830	0.673	0.555	0.581
		22.61	21.2	479.8	97.5	2900	0.554	0.442	0.465
		22.61	21.2	479.8	97.5	2960	0.473	0.350	0.367
		22.61	21.2	479.8	97.5	3030	0.373	0.254	0.263
2	680	16.05	37.5	604.1	147.0	3030	0.914	0.951	0.951
		16.05	37.5	604.1	147.0	3240	0.845	0.847	0.857
		16.05	37.5	604.1	147.0	3360	0.785	0.751	0.769
		16.05	37.5	604.1	147.0	3460	0.702	0.654	0.676
		16.05	37.5	604.1	147.0	3560	0.628	0.547	0.571
		16.05	37.5	604.1	147.0	3650	0.502	0.450	0.472
		16.05	37.5	604.1	147.0	3750	0.407	0.347	0.364
		16.05	37.5	604.1	147.0	3860	0.272	0.248	0.257
		16.05	37.5	604.1	147.0	4000	0.179	0.149	0.148
3	830	11.53	60.8	696.3	213.1	3410	0.925	0.950	0.929
		11.53	60.8	696.3	213.1	3680	0.850	0.852	0.830
		11.53	60.8	696.3	213.1	3850	0.762	0.753	0.735
		11.53	60.8	696.3	213.1	3990	0.680	0.653	0.641
		11.53	60.8	696.3	213.1	4120	0.568	0.552	0.544
		11.53	60.8	696.3	213.1	4250	0.477	0.449	0.445
		11.53	60.8	696.3	213.1	4380	0.415	0.352	0.349
		11.53	60.8	696.3	213.1	4530	0.271	0.253	0.250
		11.53	60.8	696.3	213.1	4730	0.149	0.150	0.145

表 4.4.8　韦布尔型有寿件的备件保障概率评估结果的误差情况

序号	更换期限	伽马参数 a	伽马参数 b	正态参数 a	正态参数 b	伽马近似 最大误差	伽马近似 平均误差	正态近似 最大误差	正态近似 平均误差
1	520	22.61	21.2	479.8	97.5	0.123	0.081	0.110	0.064
2	680	16.05	37.5	604.1	147.0	0.081	0.041	0.057	0.030
3	830	11.53	60.8	696.3	213.1	0.063	0.021	0.066	0.026

图4.4.13～图4.4.15和表4.4.9是有寿件自然寿命服从对数正态分布$LN(7.1,0.4^2)$的仿真验证结果。表4.4.10是两种近似评估结果与仿真结果的误差统计情况。本节伽马近似法和正态近似法只适用于对数正态分布参数 $b<1$ 的情况。

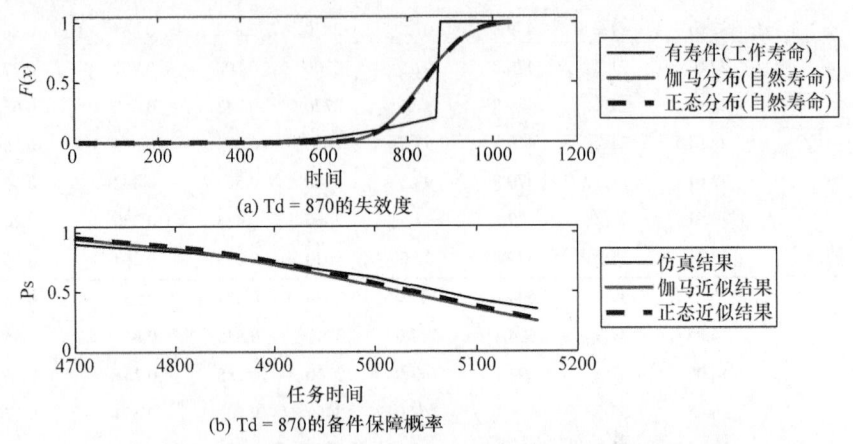

(a) Td = 870的失效度

(b) Td = 870的备件保障概率

图 4.4.13 更换期限为870时对数正态型有寿件的仿真验证结果

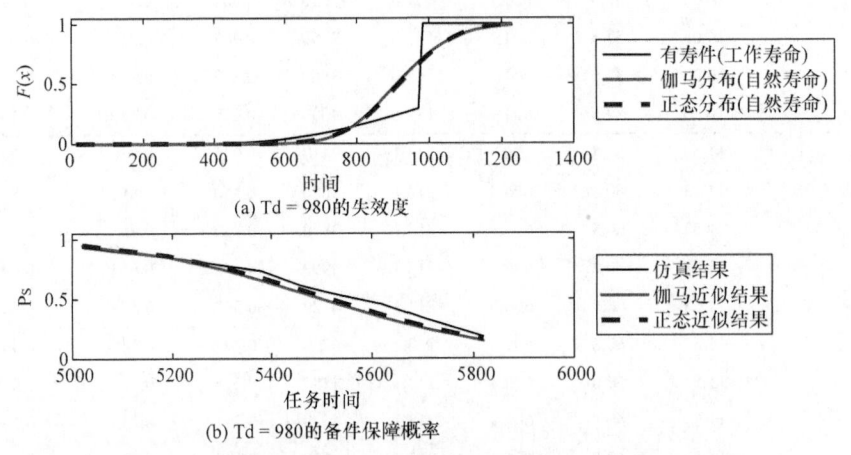

(a) Td = 980的失效度

(b) Td = 980的备件保障概率

图 4.4.14 更换期限为980时对数正态型有寿件的仿真验证结果

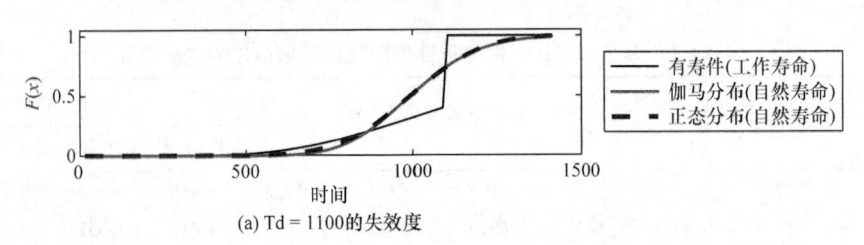

(a) Td = 1100的失效度

第 4 章 有 寿 件

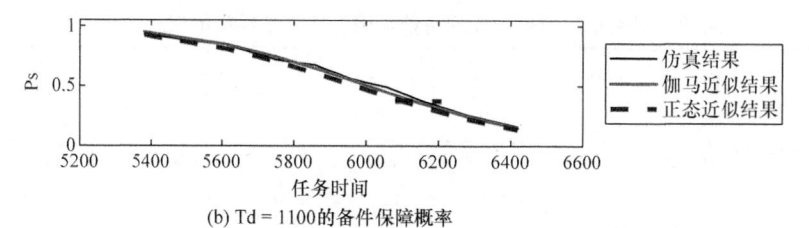

(b) Td = 1100 的备件保障概率

图 4.4.15 更换期限为 1100 时对数正态型有寿件的仿真验证结果

表 4.4.9 对数正态型有寿件的备件保障概率仿真验证结果

序号	更换期限	伽马参数 a	伽马参数 b	正态参数 a	正态参数 b	任务时间	仿真结果	伽马近似结果	正态近似结果
1	870	101.28	8.3	839.4	80.8	4700	0.902	0.948	0.955
		101.28	8.3	839.4	80.8	4820	0.826	0.844	0.863
		101.28	8.3	839.4	80.8	4890	0.756	0.746	0.771
		101.28	8.3	839.4	80.8	4950	0.684	0.641	0.669
		101.28	8.3	839.4	80.8	5000	0.625	0.546	0.573
		101.28	8.3	839.4	80.8	5050	0.525	0.448	0.473
		101.28	8.3	839.4	80.8	5100	0.432	0.354	0.374
		101.28	8.3	839.4	80.8	5160	0.354	0.253	0.267
2	980	55.44	16.6	919.6	122.8	5020	0.932	0.949	0.951
		55.44	16.6	919.6	122.8	5190	0.851	0.853	0.862
		55.44	16.6	919.6	122.8	5300	0.783	0.749	0.765
		55.44	16.6	919.6	122.8	5380	0.736	0.656	0.676
		55.44	16.6	919.6	122.8	5460	0.612	0.553	0.576
		55.44	16.6	919.6	122.8	5540	0.530	0.447	0.470
		55.44	16.6	919.6	122.8	5620	0.458	0.346	0.366
		55.44	16.6	919.6	122.8	5710	0.327	0.246	0.261
		55.44	16.6	919.6	122.8	5820	0.185	0.149	0.157
3	1100	39.05	25.7	994.6	166.8	5380	0.929	0.951	0.925
		39.05	25.7	994.6	166.8	5610	0.846	0.850	0.809
		39.05	25.7	994.6	166.8	5750	0.719	0.747	0.703
		39.05	25.7	994.6	166.8	5860	0.674	0.648	0.604
		39.05	25.7	994.6	166.8	5960	0.559	0.548	0.508
		39.05	25.7	994.6	166.8	6060	0.491	0.447	0.411
		39.05	25.7	994.6	166.8	6160	0.373	0.350	0.319
		39.05	25.7	994.6	166.8	6280	0.260	0.247	0.222
		39.05	25.7	994.6	166.8	6420	0.162	0.152	0.134

表 4.4.10　对数正态型有寿件的备件保障概率评估结果的误差情况

序号	更换期限	伽马参数 a	伽马参数 b	正态参数 a	正态参数 b	伽马近似 最大误差	伽马近似 平均误差	正态近似 最大误差	正态近似 平均误差
1	870	101.28	8.3	839.4	80.8	0.101	0.056	0.087	0.046
2	980	55.44	16.6	919.6	122.8	0.112	0.056	0.092	0.043
3	1100	39.05	25.7	994.6	166.8	0.044	0.020	0.080	0.042

从以上仿真验证结果来看，总体上两种近似方法的评估准确性相差不大，备件保障概率评估结果的最大误差在 0.1 左右，平均误差在 0.05 左右。当缩短更换期限时，有寿件在期限内发生故障的概率会随之减小，与伽马分布和正态分布的相似程度也在降低。随着更换期限值的增大，本章的伽马近似法和正态近似法对有寿件的备件保障概率评估结果会越来越准确。

4.5　计算备件需求量

由 4.4 节可知，用伽马分布或正态分布来近似描述有寿件的工作寿命时，其计算的备件保障概率会存在些许误差。这种误差会对备件需求量的计算结果造成影响。为了了解该影响的程度，本节对伽马近似法和正态近似法的备件需求量结果进行仿真验证。

在单元级层面，备件需求量是满足保障指标要求的最小备件数量。本节的验证方法为：若备件需求量记为 S，用 4.1 节的仿真模型，分别模拟备件数量为 $S-1$ 和 S 的备件保障概率，若前者的备件保障概率仿真结果小于备件保障概率阈值，且后者的备件保障概率仿真结果大于备件保障概率阈值，则认为成功地完成了本次备件需求量的计算工作。此外，对于有寿件而言，若备件需求量等于其最小备件数量(任务时间与更换期限比值的整数值)，则只要此时的备件保障概率大于备件保障概率阈值，则也认定成功地完成了本次备件需求量的计算工作。

在以下验证结果中，任务时间为 1000 天，备件保障概率阈值分别为 0.8、0.85 和 0.9，按照更换期限内有寿件发生故障的概率分别不高于 0.2、0.3 和 0.4 来选定更换期限值 Td。

针对自然寿命服从指数分布 Exp(500) 的指数型有寿件，伽马近似法的备件需求量仿真验证结果见表 4.5.1，15 次计算备件需求量中失败了 2 次。正态近似法的备件需求量验证结果见表 4.5.2，15 次计算备件需求量全部成功。

表 4.5.1　指数型有寿件伽马近似法的备件需求量仿真验证结果

序号	更换期限/天	伽马参数 a	伽马参数 b	备件保障概率阈值	伽马近似法 备件需求量 S	伽马近似法 备件保障概率	备件保障概率仿真结果 $S-1$	备件保障概率仿真结果 S	成功标志
1	110	12.06	8.1	0.80	11	0.966	0.853	0.962	0
2	110	12.06	8.1	0.85	11	0.966	0.853	0.957	0
3	110	12.06	8.1	0.90	11	0.966	0.845	0.954	1
4	140	10.91	11.2	0.80	8	0.821	0.465	0.806	1
5	140	10.91	11.2	0.85	9	0.978	0.808	0.962	1
6	140	10.91	11.2	0.90	9	0.978	0.818	0.966	1
7	180	8.00	18.7	0.80	7	0.913	0.666	0.918	1
8	180	8.00	18.7	0.85	7	0.913	0.675	0.912	1
9	180	8.00	18.7	0.90	7	0.913	0.652	0.906	1
10	220	7.29	24.8	0.80	6	0.941	0.679	0.908	1
11	220	7.29	24.8	0.85	6	0.941	0.688	0.899	1
12	220	7.29	24.8	0.90	6	0.941	0.692	0.911	1
13	260	5.86	34.5	0.80	5	0.855	0.572	0.838	1
14	260	5.86	34.5	0.85	5	0.855	0.593	0.874	1
15	260	5.86	34.5	0.90	6	0.980	0.862	0.959	1

表 4.5.2　指数型有寿件正态近似法的备件需求量仿真验证结果

序号	更换期限/天	正态参数 a	正态参数 b	备件保障概率阈值	正态近似法 备件需求量 S	正态近似法 备件保障概率	备件保障概率仿真结果 $S-1$	备件保障概率仿真结果 S	成功标志
1	110	98.8	26.9	0.80	10	0.836	0.495	0.838	1
2	110	98.8	26.9	0.85	11	0.977	0.831	0.970	1
3	110	98.8	26.9	0.90	11	0.977	0.834	0.956	1
4	140	122.2	37.2	0.80	8	0.814	0.438	0.833	1
5	140	122.2	37.2	0.85	9	0.970	0.825	0.960	1
6	140	122.2	37.2	0.90	9	0.970	0.811	0.954	1
7	180	151.6	52.7	0.80	7	0.923	0.688	0.906	1
8	180	151.6	52.7	0.85	7	0.923	0.669	0.875	1
9	180	151.6	52.7	0.90	7	0.923	0.675	0.908	1
10	220	181.0	66.1	0.80	6	0.937	0.647	0.900	1
11	220	181.0	66.1	0.85	6	0.937	0.664	0.901	1
12	220	181.0	66.1	0.90	6	0.937	0.680	0.911	1
13	260	207.9	81.7	0.80	5	0.892	0.603	0.852	1
14	260	207.9	81.7	0.85	5	0.892	0.531	0.851	1
15	260	207.9	81.7	0.90	6	0.982	0.858	0.957	1

针对自然寿命服从伽马分布 Ga(2.1,260) 的伽马型有寿件，伽马近似法的备件需求量仿真验证结果见表 4.5.3，15 次计算备件需求量中失败了 2 次。正态近似法的备件需求量验证结果见表 4.5.4，15 次计算备件需求量全部成功。

表 4.5.3 伽马型有寿件伽马近似法的备件需求量仿真验证结果

序号	更换期限/天	伽马参数 a	伽马参数 b	备件保障概率阈值	伽马近似法 备件需求量 S	伽马近似法 备件保障概率	备件保障概率仿真结果 $S-1$	备件保障概率仿真结果 S	成功标志
1		27.99	7.7	0.80	5	0.999	0.767	0.985	1
2	230	27.99	7.7	0.85	5	0.999	0.774	0.984	1
3		27.99	7.7	0.90	5	0.999	0.744	0.989	1
4		21.31	11.5	0.80	4	0.977	0.518	0.947	1
5	270	21.31	11.5	0.85	4	0.977	0.52	0.944	1
6		21.31	11.5	0.90	4	0.977	0.523	0.943	1
7		15.23	18.0	0.80	4	0.995	0.747	0.979	1
8	310	15.23	18.0	0.85	4	0.995	0.763	0.969	1
9		15.23	18.0	0.90	4	0.995	0.758	0.972	1
10		15.68	19.1	0.80	3	0.908	0.322	0.867	1
11	340	15.68	19.1	0.85	3	0.908	0.337	0.840	0
12		15.68	19.1	0.90	3	0.908	0.312	0.833	0
13		10.20	30.9	0.80	3	0.915	0.428	0.906	1
14	380	10.20	30.9	0.85	3	0.915	0.469	0.911	1
15		10.20	30.9	0.90	3	0.915	0.46	0.900	1

表 4.5.4 伽马型有寿件正态近似法的备件需求量仿真验证结果

序号	更换期限/天	正态参数 a	正态参数 b	备件保障概率阈值	正态近似法 备件需求量 S	正态近似法 备件保障概率	备件保障概率仿真结果 $S-1$	备件保障概率仿真结果 S	成功标志
1		212.9	42.6	0.80	5	0.996	0.773	0.983	1
2	230	212.9	42.6	0.85	5	0.996	0.793	0.987	1
3		212.9	42.6	0.90	5	0.996	0.769	0.975	1
4		242.8	57.4	0.80	4	0.952	0.518	0.935	1
5	270	242.8	57.4	0.85	4	0.952	0.511	0.937	1
6		242.8	57.4	0.90	4	0.952	0.500	0.943	1
7		272.0	69.4	0.80	4	0.990	0.774	0.968	1
8	310	272.0	69.4	0.85	4	0.990	0.769	0.973	1
9		272.0	69.4	0.90	4	0.990	0.752	0.977	1

续表

序号	更换期限/天	正态参数 a	正态参数 b	备件保障概率阈值	正态近似法 备件需求量 S	正态近似法 备件保障概率	备件保障概率仿真结果 $S-1$	备件保障概率仿真结果 S	成功标志
10		291.9	83.6	0.80	3	0.842	0.306	0.853	1
11	340	291.9	83.6	0.85	4	0.993	0.846	0.985	1
12		291.9	83.6	0.90	4	0.993	0.846	0.988	1
13		318.9	97.2	0.80	3	0.922	0.482	0.915	1
14	380	318.9	97.2	0.85	3	0.922	0.463	0.902	1
15		318.9	97.2	0.90	3	0.922	0.463	0.904	1

针对自然寿命服从正态分布 $N(500,190^2)$ 的正态型有寿件，伽马近似法的备件需求量仿真验证结果见表 4.5.5，15 次计算备件需求量全部成功。正态近似法的备件需求量验证结果见表 4.5.6，15 次计算备件需求量失败 2 次。

表 4.5.5 正态型有寿件伽马近似法的备件需求量仿真验证结果

序号	更换期限/天	伽马参数 a	伽马参数 b	备件保障概率阈值	伽马近似法 备件需求量 S	伽马近似法 备件保障概率	备件保障概率仿真结果 $S-1$	备件保障概率仿真结果 S	成功标志
1		33.72	9.5	0.80	3	0.997	0.587	0.975	1
2	340	33.72	9.5	0.85	3	0.997	0.552	0.980	1
3		33.72	9.5	0.90	3	0.997	0.566	0.974	1
4		26.26	13.0	0.80	3	0.999	0.693	0.977	1
5	370	26.26	13.0	0.85	3	0.999	0.708	0.982	1
6		26.26	13.0	0.90	3	0.999	0.716	0.989	1
7		20.58	17.6	0.80	3	0.999	0.772	0.989	1
8	400	20.58	17.6	0.85	3	0.999	0.791	0.989	1
9		20.58	17.6	0.90	3	0.999	0.804	0.991	1
10		19.77	19.5	0.80	2	0.851	0.000	0.848	1
11	430	19.77	19.5	0.85	2	0.851	0.000	0.871	1
12		19.77	19.5	0.90	3	1.000	0.838	0.993	1
13		17.55	22.4	0.80	2	0.866	0.000	0.852	1
14	450	17.55	22.4	0.85	2	0.866	0.000	0.867	1
15		17.55	22.4	0.90	3	1.000	0.880	0.996	1

表 4.5.6 正态型有寿件正态近似法的备件需求量仿真验证结果

序号	更换期限/天	正态参数 a	正态参数 b	备件保障概率阈值	正态近似法 备件需求量 S	正态近似法 备件保障概率	备件保障概率仿真结果 $S-1$	备件保障概率仿真结果 S	成功标志
1		321.5	49.4	0.80	3	0.998	0.552	0.979	1
2	340	321.5	49.4	0.85	3	0.998	0.535	0.983	1
3		321.5	49.4	0.90	3	0.998	0.574	0.971	1
4		342.4	66.7	0.80	3	0.997	0.709	0.983	1
5	370	342.4	66.7	0.85	3	0.997	0.687	0.974	1
6		342.4	66.7	0.90	3	0.997	0.696	0.985	1
7		358.8	81.6	0.80	3	0.996	0.800	0.987	0
8	400	358.8	81.6	0.85	3	0.996	0.808	0.990	1
9		358.8	81.6	0.90	3	0.996	0.810	0.986	1
10		382.6	86.6	0.80	2	0.838	0.000	0.856	1
11	430	382.6	86.6	0.85	3	0.999	0.832	0.992	1
12		382.6	86.6	0.90	3	0.999	0.833	0.990	1
13		403.2	86.0	0.80	2	0.920	0.000	0.857	1
14	450	403.2	86.0	0.85	2	0.920	0.000	0.865	1
15		403.2	86.0	0.90	2	0.920	0.000	0.864	0

针对自然寿命服从韦布尔分布 $W(600,1.8)$ 的韦布尔型有寿件，伽马近似法的备件需求量仿真验证结果见表 4.5.7，15 次计算备件需求量全部成功。正态近似法的备件需求量验证结果见表 4.5.8，15 次计算备件需求量失败 1 次。

表 4.5.7 韦布尔型有寿件伽马近似法的备件需求量仿真验证结果

序号	更换期限/天	伽马参数 a	伽马参数 b	备件保障概率阈值	伽马近似法 备件需求量 S	伽马近似法 备件保障概率	备件保障概率仿真结果 $S-1$	备件保障概率仿真结果 S	成功标志
1		26.79	9.0	0.80	4	0.983	0.524	0.936	1
2	260	26.79	9.0	0.85	4	0.983	0.529	0.931	1
3		26.79	9.0	0.90	4	0.983	0.517	0.947	1
4		19.63	13.9	0.80	4	0.998	0.765	0.977	1
5	300	19.63	13.9	0.85	4	0.998	0.791	0.983	1
6		19.63	13.9	0.90	4	0.998	0.772	0.976	1
7		15.36	19.5	0.80	3	0.910	0.366	0.894	1
8	340	15.36	19.5	0.85	3	0.910	0.356	0.899	1
9		15.36	19.5	0.90	3	0.910	0.361	0.905	1

续表

序号	更换期限/天	伽马参数 a	伽马参数 b	备件保障概率阈值	伽马近似法 备件需求量 S	伽马近似法 备件保障概率	备件保障概率仿真结果 $S-1$	备件保障概率仿真结果 S	成功标志
10		12.94	25.2	0.80	3	0.962	0.500	0.930	1
11	380	12.94	25.2	0.85	3	0.962	0.550	0.932	1
12		12.94	25.2	0.90	3	0.962	0.508	0.938	1
13		12.51	27.8	0.80	3	0.985	0.638	0.960	1
14	410	12.51	27.8	0.85	3	0.985	0.635	0.946	1
15		12.51	27.8	0.90	3	0.985	0.625	0.937	1

表 4.5.8 韦布尔型有寿件正态近似法的备件需求量仿真验证结果

序号	更换期限/天	正态参数 a	正态参数 b	备件保障概率阈值	正态近似法 备件需求量 S	正态近似法 备件保障概率	备件保障概率仿真结果 $S-1$	备件保障概率仿真结果 S	成功标志
1		240.22	48.0	0.80	4	0.970	0.517	0.953	1
2	260	240.22	48.0	0.85	4	0.970	0.549	0.946	1
3		240.22	48.0	0.90	4	0.970	0.547	0.937	1
4		272.31	61.8	0.80	4	0.996	0.770	0.983	1
5	300	272.31	61.8	0.85	4	0.996	0.776	0.985	1
6		272.31	61.8	0.90	4	0.996	0.768	0.983	1
7		300.13	77.9	0.80	3	0.901	0.360	0.903	1
8	340	300.13	77.9	0.85	3	0.901	0.431	0.899	1
9		300.13	77.9	0.90	3	0.901	0.396	0.898	0
10		328.89	88.5	0.80	3	0.963	0.519	0.947	1
11	380	328.89	88.5	0.85	3	0.963	0.517	0.941	1
12		328.89	88.5	0.90	3	0.963	0.530	0.942	1
13		344.45	103.8	0.80	3	0.966	0.652	0.947	1
14	410	344.45	103.8	0.85	3	0.966	0.611	0.942	1
15		344.45	103.8	0.90	3	0.966	0.618	0.940	1

针对自然寿命服从对数正态分布 $LN(6.9,0.6^2)$ 的对数正态型有寿件，伽马近似法的备件需求量仿真验证结果见表 4.5.9，15 次计算备件需求量全部成功。正态近似法的备件需求量仿真验证结果见表 4.5.10，15 次计算备件需求量失败 1 次。

表 4.5.9 对数正态型有寿件伽马近似法的备件需求量仿真验证结果

序号	更换期限/天	伽马参数 a	伽马参数 b	备件保障概率阈值	伽马近似法 备件需求量 S	伽马近似法 备件保障概率	备件保障概率仿真结果 $S-1$	备件保障概率仿真结果 S	成功标志
1	600	46.93	12.1	0.80	1	0.877	0.000	0.888	1
2	600	46.93	12.1	0.85	1	0.877	0.000	0.879	1
3	600	46.93	12.1	0.90	2	1.000	0.875	1.000	1
4	660	36.78	16.7	0.80	1	0.952	0.000	0.917	1
5	660	36.78	16.7	0.85	1	0.952	0.000	0.912	1
6	660	36.78	16.7	0.90	1	0.952	0.000	0.909	1
7	720	30.56	21.5	0.80	1	0.977	0.000	0.941	1
8	720	30.56	21.5	0.85	1	0.977	0.000	0.944	1
9	720	30.56	21.5	0.90	1	0.977	0.000	0.937	1
10	790	22.77	30.9	0.80	1	0.984	0.000	0.953	1
11	790	22.77	30.9	0.85	1	0.984	0.000	0.963	1
12	790	22.77	30.9	0.90	1	0.984	0.000	0.950	1
13	850	21.17	35.4	0.80	1	0.992	0.000	0.953	1
14	850	21.17	35.4	0.85	1	0.992	0.000	0.970	1
15	850	21.17	35.4	0.90	1	0.992	0.000	0.967	1

表 4.5.10 对数正态型有寿件正态近似法的备件需求量仿真验证结果

序号	更换期限/天	正态参数 a	正态参数 b	备件保障概率阈值	正态近似法 备件需求量 S	正态近似法 备件保障概率	备件保障概率仿真结果 $S-1$	备件保障概率仿真结果 S	成功标志
1	600	240.22	48.0	0.80	4	0.970	0.517	0.953	1
2	600	240.22	48.0	0.85	4	0.970	0.549	0.946	1
3	600	240.22	48.0	0.90	4	0.970	0.547	0.937	1
4	660	272.31	61.8	0.80	4	0.996	0.770	0.983	1
5	660	272.31	61.8	0.85	4	0.996	0.776	0.985	1
6	660	272.31	61.8	0.90	4	0.996	0.768	0.983	1
7	720	300.13	77.9	0.80	3	0.901	0.360	0.903	1
8	720	300.13	77.9	0.85	3	0.901	0.431	0.899	1
9	720	300.13	77.9	0.90	3	0.901	0.396	0.898	0
10	790	328.89	88.5	0.80	3	0.963	0.519	0.947	1
11	790	328.89	88.5	0.85	3	0.963	0.517	0.941	1
12	790	328.89	88.5	0.90	3	0.963	0.530	0.942	1
13	850	344.45	103.8	0.80	3	0.966	0.652	0.947	1
14	850	344.45	103.8	0.85	3	0.966	0.611	0.942	1
15	850	344.45	103.8	0.90	3	0.966	0.618	0.940	1

以上仿真验证结果表明，针对有寿件备件的伽马近似法和正态近似法都能以较高的概率，准确计算出备件需求量。

4.6 小　　结

可行性和准确性是评价一种方法的两种重要指标。在某些情况下，可行性和准确性是相互矛盾的，难以完美共存。用卷积来计算有寿件的备件需求量，是理论上的正确方法，准确性好。但随着备件数量的增大，卷积的数值计算耗时呈指数增长，以致这种方法的可行性会越来越差。用本章推荐的伽马/正态近似法，理论基础仍然是卷积，但由于利用了伽马/正态分布的卷积可加性，把由多个备件带来的多重卷积数值计算问题降维成一重积分问题，计算耗时从此与备件数量无关，该方法具有极好的计算可行性。只是，用伽马/正态分布来描述有寿件的工作寿命是一种近似方法，这种近似一定会对最终结果的准确性带来不好的影响。从大量的仿真验证结果来看，应用本章的伽马/正态近似法计算有寿件的备件需求量，能在保证良好的计算可行性的前提下，得到误差较小的最终结果，满足工程应用要求。

参 考 文 献

[1] 中国人民解放军空军标准办公室. 备件供应规划要求: GJB 4355—2002[S]. 北京: 中国人民解放军总装备部, 2003.
[2] 李华, 邵松世, 阮旻智, 等. 备件保障的工程实践[M]. 北京: 科学出版社, 2016.
[3] 茆诗松, 程依明, 濮晓龙. 概率论与数理统计教程[M]. 2版. 北京: 高等教育出版社, 2010.

第 5 章　可修复备件

前述章节中的备件属于不修复备件，是故障或损坏后，不能用经济可行的技术手段加以修复的备件。本章研究的可修复备件，是采用经济可行的技术手段修理，能恢复其原有功能的备件[1]。

在《备件供应规划要求》中，通过约定可修次数 n，1 个备件也就相当于 n 个不修复备件，以此来解决可修复备件需求量计算问题。在实际修理工作中，受一些随机因素的影响，能否修复故障件不是一种确定性事件，有时用修复概率 Pr 来描述这种修理结果的统计规律。在本章中，约定 $0<\text{Pr}<1$，修复效果为"修旧如新"。本章从修复概率出发，以故障发生时能立刻开展换件维修作为备件保障成功标准，给出一种可修复备件的需求量计算方法。

5.1　备件保障仿真模型

首先，建立包含修理工作的备件保障仿真模型，然后以修理耗时和修理结果来描述每次对故障件的修理工作，约定换件维修耗时为零，模型框架见图 5.1.1。框架内的各模块具体内容介绍如下。

(1) 初始化模块。

以 simT 模拟仿真时钟在时间轴上的推进，以 simTw 模拟任务期内单元的累积工作时间，令 simT=0，simTw=0；以数组 sT_i 记录库存中所有备件的可用时刻，令 $sT_i=0$，$1 \leqslant i \leqslant S$，$S$ 为备件数量；按照单元的寿命分布规律产生随机数 x，模拟所在装备上的单元寿命。

(2) 故障模块。

令 simTw=simTw+x，simT=simT+x，此时 simT 为故障发生时刻。判断 simT 是否超过任务终点时刻，若成立则仿真终止，否则执行修理模块。

(3) 修理模块。

本次修理耗时记为 y，按照约定的修理耗时分布规律产生，则 simT+y 为本次修理结束时刻。在 0～1 产生随机数 p，若 $p \leqslant \text{Pr}$ 则本次修理成功，令 $sT_{1+S}=$ simT+y；否则本次修理失败，令 $sT_{1+S}=\infty$。

(4) 换件模块。

首先，按照从小到大的原则对 sT_i 进行重新排序，则 sT_1 对应最早可用的备件。

第 5 章 可修复备件

若 $sT_1 > simT$ 则本次保障失败，仿真终止；否则，立刻完成换件维修，产生随机数 x，模拟该备件的寿命，在数组 sT_i 中删除 sT_1，其余各项依次前移。然后，再次执行故障模块。

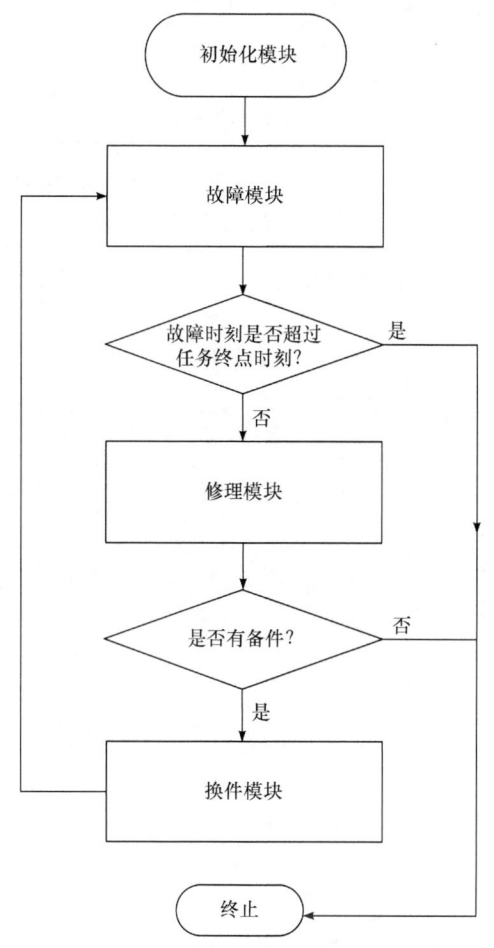

```
初始化模块
   ↓
故障模块 ←──────┐
   ↓            │
故障时刻是否超过 ──是──→ 终止
任务终点时刻？   
   ↓否          │
修理模块         │
   ↓            │
是否有备件？ ──否──→ 终止
   ↓是          │
换件模块 ────────┘
```

图 5.1.1 备件保障(含修理)仿真模型流程图

为了便于论述，在后续论述中假定修理耗时为零。在本章的最后，简单讨论修理耗时不为零的情况。

对于一个修复概率 Pr 的单元，根据数学上等比数列的求和公式可知，该单元相当于 $\dfrac{1}{1-\text{Pr}}$ 个单元。那么，《备件供应规划要求》(GJB 4355—2002)中"以可修次数来描述可修复备件"是图 5.1.1 仿真模型的理论解析解么？

针对寿命常见分布类型的可修复备件，假定修复概率为 0.5，备件数量为 2，采用仿真方法和 GJB 4355—2002 方法分别计算不同任务时间时各自的备件保障概率，图 5.1.2~图 5.1.5 和表 5.1.1 为结果对比情况。

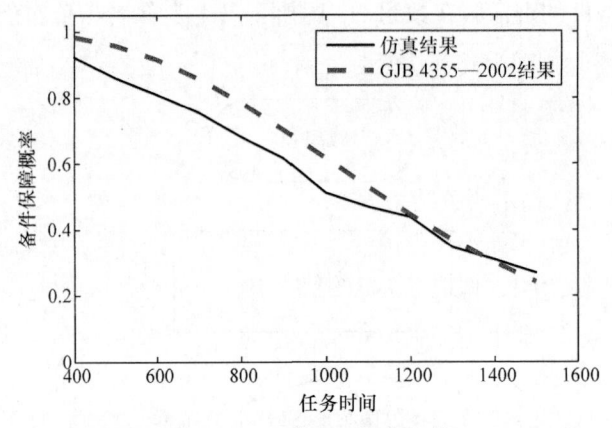

图 5.1.2　指数型可修复备件

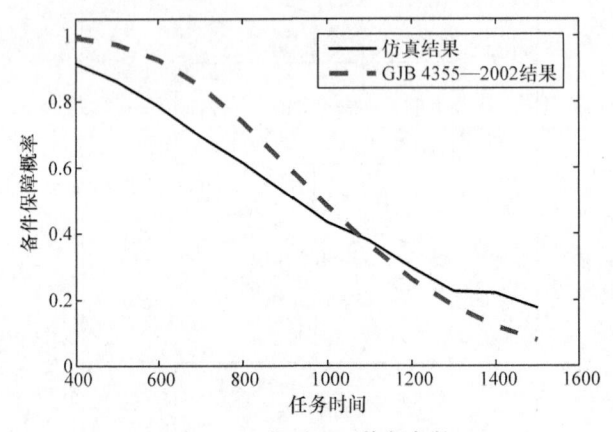

图 5.1.3　伽马型可修复备件

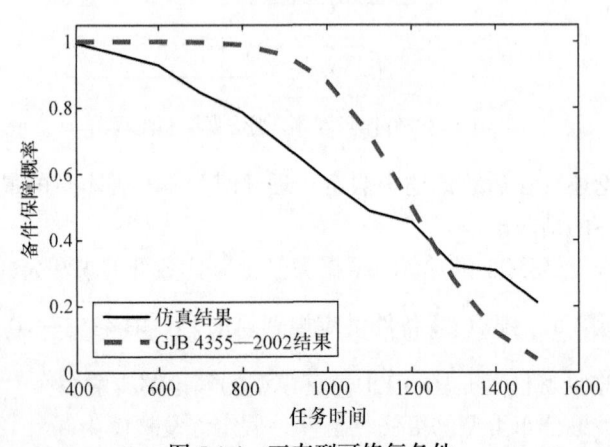

图 5.1.4　正态型可修复备件

图 5.1.5　韦布尔型可修复备件

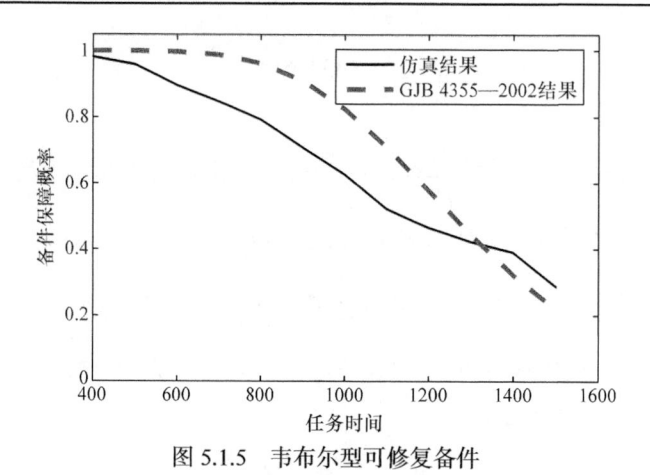

表 5.1.1 是分别采用仿真模型和 GJB 4355—2002 方法，计算四种类型可修复备件两种备件保障概率的对比结果。

表 5.1.1　四种类型可修复备件的备件保障概率对比结果

任务时间	指数型 Exp(200) 仿真	指数型 Exp(200) GJB 4355—2002	伽马型 Ga(1.7,100) 仿真	伽马型 Ga(1.7,100) GJB 4355—2002	正态型 $N(200,70^2)$ 仿真	正态型 $N(200,70^2)$ GJB 4355—2002	韦布尔型 $W(240,1.8)$ 仿真	韦布尔型 $W(240,1.8)$ GJB 4355—2002
400	0.922	0.983	0.914	0.993	0.994	1.000	0.981	1.000
500	0.860	0.958	0.860	0.973	0.963	1.000	0.958	1.000
600	0.810	0.916	0.786	0.926	0.929	1.000	0.895	0.997
700	0.755	0.858	0.695	0.847	0.846	0.998	0.846	0.988
800	0.681	0.785	0.615	0.739	0.786	0.990	0.792	0.962
900	0.617	0.703	0.525	0.613	0.685	0.960	0.708	0.910
1000	0.511	0.616	0.434	0.483	0.580	0.878	0.626	0.824
1100	0.469	0.529	0.378	0.364	0.487	0.720	0.521	0.710
1200	0.438	0.446	0.297	0.262	0.453	0.500	0.465	0.577
1300	0.346	0.369	0.226	0.181	0.323	0.280	0.423	0.443
1400	0.309	0.301	0.221	0.121	0.309	0.122	0.391	0.322
1500	0.269	0.241	0.176	0.078	0.211	0.040	0.288	0.221

从以上对比结果来看，基于修复概率的方法和基于修复次数的方法应该是两种不同的方法。

5.2　二次分布与备件需求量

任务期内故障发生概率是解读备件保障概率的一种角度。对于不修复备件，最典型的就是指数型单元的备件保障概率 Ps，即

$$Ps = \sum_{j=0}^{S} \frac{(Tw/a)^j}{j!} e^{\frac{Tw}{a}}$$

式中，Tw 为任务时间；$\frac{(Tw/a)^j}{j!} e^{\frac{Tw}{a}}$ 为任务期内恰好发生 j 次故障的概率。只要 j 不大于备件数量 S，就能保障成功。该式可进一步解读成

$$Ps = \sum_{j=0}^{\infty} Pg_j Pb_j \tag{5.2.1}$$

式中，Pg_j 为任务期内恰好发生 j 次故障的概率；Pb_j 为第 j 次故障发生时有备件的概率。对于不修复备件而言

$$Pb_j = \begin{cases} 1, & 0 \leqslant j \leqslant S \\ 0, & j > S \end{cases}$$

对于可修复备件而言，由于每次修理成功的概率为 Pr，第 j 次故障发生时也就有 j 次修理，由二项分布可知[2]，成功修复的次数 Nx 服从二项分布 $b(j, Pr)$，只要满足 $Nx + S \geqslant j$，就能在第 j 次故障发生后立刻开展换件维修，由此可得

$$Pb_j = \begin{cases} 1, & 0 \leqslant j \leqslant S \\ 1 - \sum_{k=0}^{j-S-1} \binom{j}{k} Pr^k (1-Pr)^{j-k}, & j > S \end{cases} \tag{5.2.2}$$

对于寿命服从伽马分布 $Ga(a,b)$ 的单元，其密度函数 $f(x) = \frac{1}{b^a \Gamma(a)} x^{a-1} e^{\frac{-x}{b}}$，则在任务期内

$$Pg_j = \frac{1}{b^{ja}\Gamma(ja)} \int_0^{Tw} t^{ja-1} e^{\frac{-t}{b}} dt - \frac{1}{b^{(1+j)a}\Gamma((1+j)a)} \int_0^{Tw} t^{(1+j)a-1} e^{\frac{-t}{b}} dt, \quad j \geqslant 1$$

对于寿命服从正态分布 $N(a, b^2)$ 的单元，其密度函数 $f(x) = \frac{1}{b\sqrt{2\pi}} e^{\frac{-(x-a)^2}{2b^2}}$，则在任务期内

$$Pg_j = \frac{1}{jb\sqrt{2\pi}} \int_0^{Tw} e^{\frac{-(t-ja)^2}{2jb^2}} dt - \frac{1}{(1+j)b\sqrt{2\pi}} \int_0^{Tw} e^{\frac{-(t-(1+j)a)^2}{2(1+j)b^2}} dt, \quad j \geqslant 1$$

对于韦布尔分布等其他分布，在将其转化成伽马分布或正态分布后，也可以近似计算出 Pg_j。

在实际应用式(5.2.1)时，可取一个足够大的数 Smax 来取代求和上限 ∞。例如，按照备件保障概率不低于 0.999 的标准，计算寿命服从相同分布的不修复备件的备件需求量，令 Smax 等于该值。

针对寿命常见分布类型的可修复备件，假定修复概率为 0.5，备件数量为 2，

采用仿真模型和基于式(5.2.1)的评估方法，分别计算不同任务时间时各自的备件保障概率，图 5.2.1～图 5.2.4 和表 5.2.1 为结果对比情况。

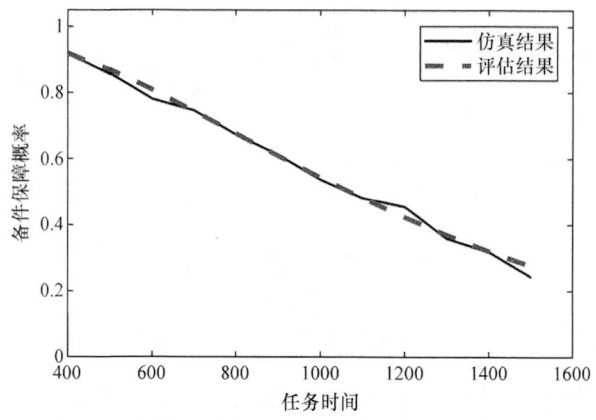

图 5.2.1 指数型可修复备件的备件保障概率的仿真结果和评估结果

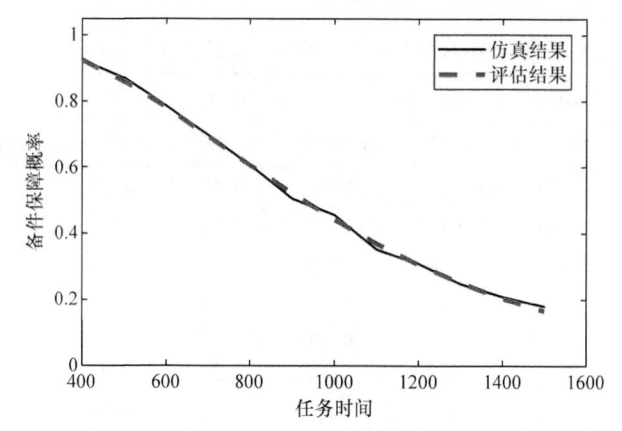

图 5.2.2 伽马型可修复备件的备件保障概率的仿真结果和评估结果

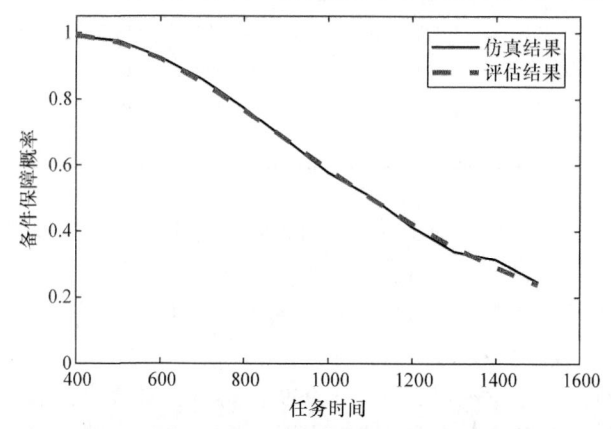

图 5.2.3 正态型可修复备件的备件保障概率的仿真结果和评估结果

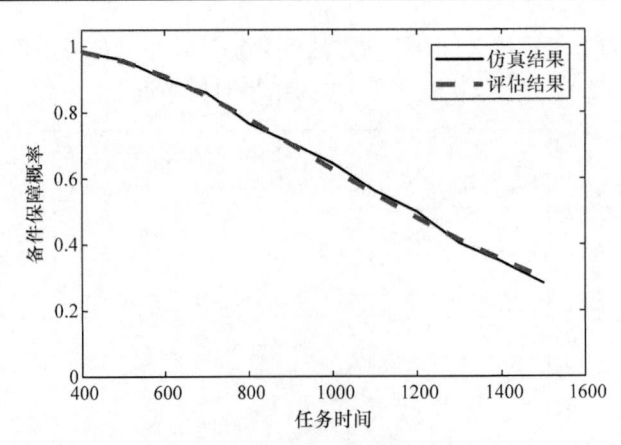

图 5.2.4 韦布尔型可修复备件的备件保障概率的仿真结果和评估结果

表 5.2.1 是分别采用仿真方法和基于式(5.2.1)的评估方法，计算四种类型可修复备件两种备件保障概率的结果。

表 5.2.1 四种类型可修复备件的备件保障概率仿真结果和评估结果

任务时间	指数型 Exp(200) 仿真结果	评估结果	伽马型 Ga(1.7,100) 仿真结果	评估结果	正态型 $N(200,70^2)$ 仿真结果	评估结果	韦布尔型 $W(240,1.8)$ 仿真结果	评估结果
400	0.917	0.920	0.924	0.924	0.988	0.993	0.982	0.983
500	0.856	0.868	0.870	0.860	0.976	0.971	0.959	0.954
600	0.780	0.809	0.785	0.781	0.925	0.922	0.901	0.909
700	0.746	0.744	0.698	0.694	0.860	0.851	0.859	0.850
800	0.673	0.677	0.606	0.606	0.773	0.767	0.766	0.780
900	0.612	0.609	0.504	0.521	0.676	0.677	0.708	0.704
1000	0.537	0.544	0.455	0.441	0.577	0.587	0.646	0.627
1100	0.481	0.481	0.351	0.369	0.506	0.502	0.561	0.551
1200	0.455	0.423	0.308	0.306	0.413	0.423	0.498	0.480
1300	0.358	0.370	0.247	0.251	0.339	0.352	0.403	0.413
1400	0.319	0.321	0.209	0.204	0.314	0.291	0.347	0.353
1500	0.244	0.277	0.179	0.165	0.246	0.238	0.282	0.299

由以上对比结果来看，基于式(5.2.1)的评估方法是基于修复概率的可修复备件的备件保障效果评估的理论方法。

下面给出基于修复概率的可修复备件的备件需求量计算方法。

(1) 计算最大故障次数 Smax。

例如，按照备件保障概率不低于 0.999 的标准，计算寿命服从相同分布的不修复备件的备件需求量，令 Smax 等于该值。

(2) 计算任务期内故障次数的概率 Pg_j，$0 \leqslant j \leqslant Smax$。

(3) 按照二项分布，计算备件数量为 S 时的概率 Pb_j，$0 \leqslant j \leqslant Smax$。

(4) 按照 $Ps = \sum_{j=0}^{Smax} Pg_j Pb_j$ 计算备件保障概率 Ps。

设置所述单元备件保障概率阈值，令 S 从 0 开始逐一递增，使得所述备件保障概率 Ps 不小于所述概率阈值的 S 值即为所计算出的备件需求量。

表 5.2.2 是各型可修复备件的备件需求量结果，表中的相关计算参数为：任务时间为 700h，修复概率分别为 0.3 和 0.5，要求备件保障概率不低于 0.85。表中在评估计算和仿真验证备件需求量为 S 时的备件保障概率的同时，也评估计算和仿真验证了备件需求量为 $S-1$ 时的备件保障概率。对比两者的备件保障概率可知，所求 S 的确为满足保障要求的最小备件数量。

表 5.2.2 可修复备件的备件需求量结果

寿命分布	修复概率	备件需求量 S	备件保障概率 仿真结果	备件保障概率 评估结果	备件数量 $S-1$	备件保障概率 仿真结果	备件保障概率 评估结果
指数 Exp(200)	0.3	4	0.907	0.898	3	0.775	0.768
	0.5	3	0.909	0.899	2	0.747	0.744
伽马 Ga(1.7,100)	0.3	4	0.883	0.889	3	0.696	0.723
	0.5	3	0.886	0.886	2	0.679	0.694
正态 $N(200,70^2)$	0.3	3	0.935	0.935	2	0.655	0.649
	0.5	2	0.839	0.851	1	0.533	0.503
韦布尔 $W(240,1.8)$	0.3	3	0.897	0.908	2	0.664	0.675
	0.5	3	0.970	0.971	2	0.843	0.849

最后，简要介绍一下当修理耗时不为零时，对可修复备件保障效果的影响。图 5.2.5 是在修理不耗时和修理耗时两种情况下指数型可修复备件的备件保障

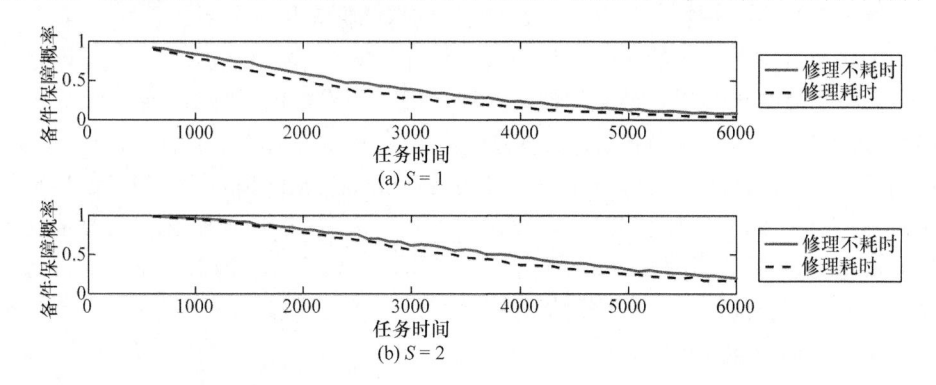

(c) $S = 3$

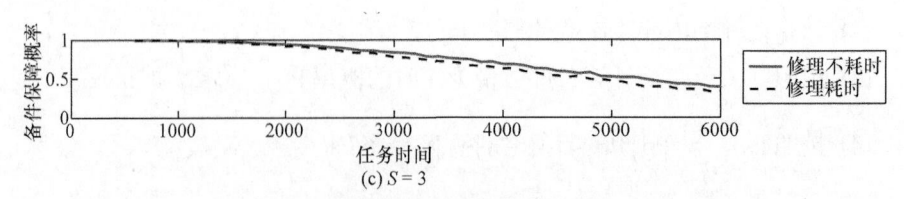

图 5.2.5 修理不耗时和修理耗时两种情况下的备件保障概率仿真结果

概率仿真结果。计算参数为：修复概率为 0.3，寿命服从指数分布 Exp(1000)，修理耗时服从指数分布 Exp(100)，备件数量分别为 1、2 和 3。

假设以修理耗时的仿真结果作为基准，用修理不耗时的仿真结果作为修理耗时的近似结果。表 5.2.3 是关于图 5.2.5 中近似结果的误差统计。

表 5.2.3 备件保障概率的误差统计

备件数量	全域 均值	全域 最大值	$P_s > 0.8$ 均值	$P_s > 0.8$ 最大值	$P_s > 0.85$ 均值	$P_s > 0.85$ 最大值	$P_s > 0.9$ 均值	$P_s > 0.9$ 最大值
1	0.074	0.121	0.049	0.081	0.035	0.045	0.025	0.025
2	0.061	0.107	0.024	0.064	0.017	0.034	0.012	0.030
3	0.043	0.096	0.017	0.058	0.013	0.044	0.009	0.025

图 5.2.5 和表 5.2.3 表明：

(1) 随着任务时间的增加，误差会随之变大。虽然对于一次修理来说，修理延误导致任务失败是小概率事件，但随着任务时间的增大，修理次数也在增多，至少发生一次修理延误的概率也随之增大。此外，最大误差一般发生在任务时间较长的区域，或者说，发生在备件保障概率值较小的区域。

(2) 增大备件数量能为修理故障件工作赢得更多的时间，单次修理工作延误的概率会随之减小，最终出现一次修理延误的概率也随之减小，因此使得误差随之减小。

(3) 在开展备件规划工作时，常见的备件保障概率指标一般大于 0.8，在此区域的误差显著小于全域的误差，且随着备件保障概率指标的增大，误差会随之减小，大量仿真结果与以上结果类似。一般来说，平均修理耗时不会超过单元的平均寿命，两者有时甚至不在一个数量级上，前者常常显著小于后者。再加上随着初始备件数量的增大，在消耗完所有可用备件前，及时完成对该故障件的修理工作将是大概率事件。因此，影响备件保障效果的主要因素是修理结果(修复成功还是失败)以及背后的二项式分布，而不是修理耗时。修理不耗时假定下的备件保障概率评估结果，能准确地定性评估保障效果；当备件保障概率值较大时，能较准确地定量评估保障效果。

5.3 小　　结

可修复备件需求量的计算方法在很大程度上取决于对"可修复"的定义。定义不同，对应的方法也就不同。考虑到故障件不可能修无限次，GJB 4355—2002 方法的思路是约定一个可修次数，且该修理次数以内每次修理都能修复故障。本章则约定允许修理无限次，但每次不能保证一定修理成功，修理成功与否是一种概率性事件，而且一旦修复失败则故障件永久报废。读者可视实际情况，选用对应的方法，计算可修复备件的备件需求量。

参 考 文 献

[1] 中国人民解放军空军标准办公室. 备件供应规划要求: GJB 4355—2002[S]. 北京: 中国人民解放军总装备部, 2003.
[2] 茆诗松, 程依明, 濮晓龙. 概率论与数理统计教程[M]. 2 版. 北京: 高等教育出版社, 2010.

第6章 常见的备件补给策略

前述章节介绍了仅考虑装备使用现场的备件需求情况,本章则以两级保障为背景,在单元级层次上,介绍不同备件补给策略下的备件需求量计算方法。

6.1 连续补给

连续补给是指当库存备件下降到一定程度时,会再次补充备件。如果采用"消耗多少备件,就补充多少备件"的补给原则,那么在理想情况下,连续补给时的备件利用率Px为

$$Px = \frac{Sx}{S+Sx} \tag{6.1.1}$$

式中,S 为初始备件数量;Sx 为消耗的备件数量(通常也是补给的备件数)。显然,在装备服役期Sx是不断增大的,因此备件利用率也不断增大,且趋向于1。在现有保障理论的支持下,通过连续补给,可以合理地选择一个较小数值的初始备件,而不必一次建立高库存的备件仓库,从而达到装备完好性指标和备件利用率指标都较高、军事效益和经济效率双赢的局面。本节介绍连续补给策略下,如何计算初始备件数量的方法。

6.1.1 长期列装场景

在备件的连续补给策略中,"消耗一个备件就补给一个备件"策略常被称为($S-1,S$)备件补给策略,是在理论上研究最充分的一种备件策略。在国外的备件保障相关理论中,以该策略为基础专门建立了可修复备件的多级管理技术(multi-echelon technique for recoverable item control,METRIC)理论。METRIC理论最初是针对那些可靠性高、单价昂贵、再生产时间长的产品,为解决如何既能保证较高战备完好性又能有较高备件利用率的备件保障问题而建立的。想通过一章内容而使读者掌握 METRIC 理论对作者来说太不现实,读者如果想深入全面地学习METRIC 理论,可以参看文献[1]和[2]。不过,即便是 METRIC 理论,也是站在更基础的相关数学理论之上的,因此本节以追本溯源的方式,介绍这些数学理论及其在备件保障方面的应用,希望使得读者获益良多,为以后学习相关理论打下基础。在本章中,如果未特别申明,连续补给都是指($S-1,S$)补给。

排队论是连续补给的数学基础理论之一，尤其是排队论中的生灭过程理论部分，连续补给策略下的备件保障正是该理论的一种应用场景。

生灭过程[3]是排队论中解决简单排队问题的基础理论，其系统状态图如图 6.1.1 所示，也称为生灭图。它的特点是：系统的所有状态可看成一条链，链的中间环节(状态)$S_1, S_2, \cdots, S_{n-1}$用正、反方向的箭头线与左、右相邻的环节(状态)连接起来，系统的端点状态是：S_0 和 S_n 只与一个相邻状态连接。生灭图的名称来源于人口普查。

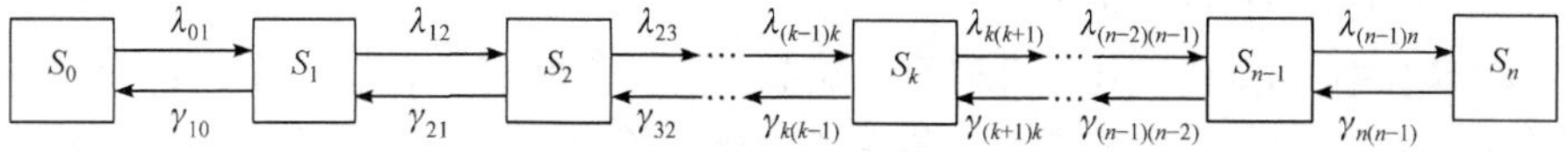

图 6.1.1　生灭图

假设作用于系统的所有事件流(按图 6.1.1 中箭头线方向运动)都是最简单流。由于系统中每个状态都能够转移到其他任何一个状态,且系统的状态数是有限的，因此有极限概率存在。每个状态都对应一个极限概率。这种极限概率描述的状态，常称为稳态。在稳态情况下，流入生灭图中任一状态的流量和流出的流量都相等。例如，对于 S_0 有 $\lambda_{01} P_0 = \gamma_{10} P_1$，对于 S_1 有 $\lambda_{01} P_0 + \gamma_{21} P_2 = \lambda_{12} P_1 + \gamma_{10} P_1$，化简后得到 $\lambda_{12} P_1 = \gamma_{21} P_2$。用同样的方法，最终可列出各状态的极限概率满足下列方程组：

$$\begin{cases} \lambda_{01} P_0 = \gamma_{10} P_1 \\ \lambda_{12} P_1 = \gamma_{21} P_2 \\ \vdots \\ \lambda_{(k-1)k} P_{k-1} = \gamma_{k(k-1)} P_k \\ \vdots \\ \lambda_{(n-1)n} P_{n-1} = \gamma_{n(n-1)} P_n \\ P_0 + P_1 + \cdots + P_n = 1 \end{cases} \quad (6.1.2)$$

该方程组的解为

$$P_0 = \frac{1}{1 + \dfrac{\lambda_{01}}{\gamma_{10}} + \dfrac{\lambda_{12}\lambda_{01}}{\gamma_{21}\gamma_{10}} + \cdots + \dfrac{\lambda_{(k-1)k}\cdots\lambda_{01}}{\gamma_{k(k-1)}\cdots\gamma_{10}} + \cdots + \dfrac{\lambda_{(n-1)n}\cdots\lambda_{01}}{\gamma_{n(n-1)}\cdots\gamma_{10}}}$$

$$P_1 = \frac{\lambda_{01}}{\gamma_{10}} P_0$$

$$P_2 = \frac{\lambda_{12}\lambda_{01}}{\gamma_{21}\gamma_{10}} P_0$$

$$\vdots$$

$$P_k = \frac{\lambda_{(k-1)k}\cdots\lambda_{01}}{\gamma_{k(k-1)}\cdots\gamma_{10}} P_0 \qquad (6.1.3)$$

$$\vdots$$

$$P_n = \frac{\lambda_{(n-1)n}\cdots\lambda_{01}}{\gamma_{n(n-1)}\cdots\gamma_{10}} P_0$$

在本章中，把生灭图中状态的极限概率简称为状态的概率。生灭过程理论异常简洁，状态变量、生/灭参数和各状态的概率等是理解生灭过程理论的关键。如果能正确理解如下问题，则基本掌握了应用该理论解决实际问题的能力。

(1) 如何选取状态变量，并确定生灭状态图的端点(起点和终点)的状态值？

(2) 如何设置生参数？如何设置灭参数？

(3) 如何解读各状态极限概率的物理含义？在备件保障领域，如何利用各状态的概率，计算备件保障效果？

下面通过例题回答上述问题。在本章中，S 为备件数量，S_0 为初始备件数量，S_1 为 S_0 后发生一次故障后的备件数量；λ 为失效率，描述了"灭过程"流的强度；γ 为备件补给速率，描述了"生过程"流的强度。

例 6.1.1 某单元的列装数量为 1，初始备件数量为 2，备件采用连续补给策略，该单元寿命服从失效率 λ 为 0.003 的指数分布，从提出备件申请到该备件到位的保障耗时服从失效率 γ 为 0.002 的指数分布。

(1) 以任意时刻可以使用的备件数量为状态变量，绘制生灭图。

(2) 利用生灭过程理论，遍历计算可用备件数量对应的概率，并据此估计该单元的使用可用度。

解 (1) 失效率为 λ 的指数分布也就是均值参数 a 为 $1/\lambda$ 的指数分布。当以任意时刻可以使用的备件数量为状态变量时，备件数量等于 2 是起点状态 S_0；当备件短缺时，该单元停止工作，此时为终点状态 S_3，备件短缺相当于备件数量等于 -1。生灭图中由左至右的流描述的是发生故障后备件数量减少的"灭过程"。本题中只有一个单元在工作，因此"灭过程"流的强度始终等于单元的失效率 λ。生灭图中由右至左的流描述的是备件补给过程，是备件数量增长的"生过程"。由于发生 i 次故障，就会申请补给 i 个备件，此时共有 i 个备件在补给的路上，因此在由状态 S_i 向状态 S_{i-1} 转移的"生过程"中，该段流的强度为 $i\gamma$。到达状态 S_{i-1} 后，剩下 $i-1$ 个备件继续在由状态 S_{i-1} 向状态 S_{i-2} 转移的路上，则该段流的强度减小为 $(i-1)\gamma$。生灭图如图 6.1.2 所示。

第6章 常见的备件补给策略

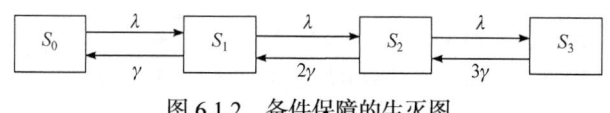

图 6.1.2 备件保障的生灭图

（2）根据生灭过程理论，各个状态的概率 SP 的理论结果见表 6.1.1。这些结果表明：在整个列装期间，通过连续补给，有 23.9% 的时间备件数量等于 2，35.8% 的时间备件数量等于 1，26.9% 的时间备件数量等于 0，13.4% 的时间处于备件短缺的状态；或者说，在任意时刻盘点备件仓库时，有 23.9% 的可能性备件数量等于 2，35.8% 的可能性备件数量等于 1，26.9% 的可能性备件数量等于 0，13.4% 的可能性处于备件短缺的状态。

表 6.1.1 单元列装数为 1 时各状态概率的理论计算结果

状态名称	S_0	S_1	S_2	S_3
可用备件数量	2	1	0	−1
状态的概率/%	23.9	35.8	26.9	13.4

可用备件数量等于 −1 对应着备件短缺，此时单元停止工作，因此单元的使用可用度 dyPa 为 $\sum_{i=0}^{2} \mathrm{SP}_i$；或者说，当备件数量为 0～S 时，单元处于工作状态，因此 dyPa = $\sum_{i=0}^{S} \mathrm{SP}_i$。按照这种对各状态概率的解读，根据上述计算结果，该单元长期稳态下的使用可用度为 0.866，即该单元在长期列装过程中，在 86.6% 的时间处于工作状态，有 13.4% 的时间处于故障后因备件短缺而停机等待备件的状态。

为验证上述答题内容，正确掌握状态变量、生/灭参数和各状态的概率等概念的物理含义，这里通过建立仿真模型来加深对该理论及其应用的理解。

单元列装数为 1 时连续补给备件保障仿真模型如下所示。

(1) 初始化。

仿真终点时刻记为 Tw，正在工作的当前单元寿命记为 x，其值服从单元的寿命分布规律；令单元的累计工作时间 dyTw 为 0；令仿真时钟 simTw 初始值为 0；把仿真过程中故障发生时刻观察到的"可用备件数量等于某值"的次数保存在数组 Ns_i 中，约定 Ns_1 是可用备件数量等于 S 的观察次数，Ns_2 是可用备件数量等于 $S−1$ 的观察次数，依此类推，Ns_{1+S} 是可用备件数量等于 0 的观察次数，令 Ns_i 初始值为 0；仓库内各备件信息保存在矩阵 spare(i,j) 中，其中 $1 \leqslant i \leqslant 2$、$1 \leqslant j \leqslant S$，该矩阵第一行 spare(1,:) 为各备件的寿命值，这些寿命值是服从单元寿命分布规律的随机数，第二行 spare(2,:) 为各备件的最早可用时刻，令 spare(2,:) 的初始值全部为 0；令仿真运行标志 Frun 等于 1。

(2) 判断 Frun>0 是否成立，是则执行(3)继续仿真，否则执行(8)终止仿真。

(3) 计算故障发生时刻 Tg，Tg=simTw+x；计算单元累计工作时间 dyTw，dyTw=dyTw+x。

(4) 若故障时刻 Tg 超过仿真终止时刻 Tw，则执行(8)终止仿真；否则执行(5)。

(5) 统计仓库中备件的可用时刻不大于故障时刻的备件数量 n，即在 spare(2,:) 中寻找满足 spare(2,:)≤Tg 的数据项数量，记为 n，更新数组 Ns_i，令 $Ns_{S-n+1} = Ns_{S-n+1} + 1$。

(6) 模拟连续补给备件。

故障发生后立刻申请补给备件，新备件的寿命和保障耗时分别记为 t_1、t_2，则新备件的可用时刻即为其到达时刻 Tg+t_2，把 $[t_1 \quad Tg+t_2]^T$ 增加到矩阵 spare 中，并把 spare(2,:) 中的数据由小到大排序，更新 spare。

(7) 模拟换件维修。

spare 中的第一项备件是最早能完成换件维修的备件，仿真时钟 simTw 推进到维修完毕时刻，令 simTw=max(Tg,spare(2,1))。此时，若维修完毕时刻 simTw 未到达终点时刻 Tw，则更新当前单元寿命 x，令 x=spare(1,1)，然后从 spare 中删除第一项备件信息 spare(:,1)；若 simTw≥Tw，则令 Frun=0。最后，执行(2)。

(8) 终止仿真，输出相关结果。

令单元的使用可用度 dyPa = dyTw/Tw，令观察到的可用备件数量等于 $S-i+1$ 的概率 $sPn_i = \dfrac{Ns_i}{\sum_{i=1}^{1+S} Ns_i}$。

多次运行上述模型后，对 dyPa 和 sPn_i 的结果进行统计，取它们的均值作为最终的仿真结果。1−dyPa 描述的是因备件短缺而造成的单元不工作的概率，因此这也是备件数量等于−1 的概率。上述 sPn_i 是只考虑了备件不短缺的相对概率，因此若需要计算其绝对概率，则可令其等于 $sPn_i \cdot dyPa$。如此一来，也就模拟出在 −1~S 可用备件数量等于各种取值的概率。

表 6.1.2 列出了 3 组单元寿命和保障耗时分布参数，当初始备件数量为 2 时，给出了各状态概率的仿真结果和理论结果。每栏数据中上面一行为仿真结果，下面一行为理论结果。从表中可知，两者极为接近。由于"两种结果错得一模一样"的可能性极小，该表说明上述绘制生灭图的思路、对状态概率的物理含义的理解以及单元使用可用度的计算思路都是正确无误的。

表 6.1.2　单元列装数为 1 时各状态的概率的仿真结果和理论结果

指数分布的失效率	S_0	S_1	S_2	S_3
λ =0.003，γ =0.002	0.241	0.358	0.269	0.132
	0.239	0.358	0.269	0.134
λ =0.004，γ =0.003	0.279	0.369	0.245	0.106
	0.276	0.369	0.246	0.109
λ =0.005，γ =0.004	0.300	0.374	0.232	0.094
	0.298	0.372	0.233	0.097

上述模型模拟了实际的备件保障过程，同时也体现了蒙特卡罗仿真思想。蒙特卡罗仿真方法是通过随机模拟的方式解决复杂问题的有效手段。可用一个简单例子展示蒙特卡罗方法的威力。在一个 1m×1m 的正方形里任意位置画一个任意大小的封闭曲线。可以通过大量随机产生在正方形内的点，计算封闭曲线里的点数与总点数的比值即可计算该曲线的面积。虽然本节仿真模型模拟的是故障时刻可用备件数量的概率，这与生灭过程理论计算的任意时刻可用备件数量的概率是有差别的。但上述模型利用了故障发生的随机性，从而在很大程度上实现了蒙特卡罗仿真的随机模拟思想，此时故障时刻相当于任意时刻的一种随机抽样，最终通过模拟故障时刻的可用备件数量的概率，实现对任意时刻可用备件数量概率的模拟。

生灭过程也能计算当单元列装数大于 1 时连续补给下的备件保障效果评估问题。

例 6.1.2　某单元的列装数量为 3，这些单元之间相互独立，初始备件数量为 2，备件采用连续补给策略，该单元寿命服从失效率 λ 为 0.002 的指数分布，从提出备件申请到该备件到位的保障耗时服从失效率 γ 为 0.003 的指数分布。

(1) 以任意时刻可以使用的备件数量为状态变量，绘制生灭图。

(2) 利用生灭过程理论，遍历计算可用备件数量对应的概率，并据此估计这些单元在列装期间的工作情况。

解　(1) 当以任意时刻可以使用的备件数量为状态变量时，备件数量等于 2 是起点状态 S_0；每发生一次备件短缺，就有一个单元停止工作，所有单元停止工作为终点状态 S_5。生灭图中由左至右的流描述的是发生故障后备件数量减少的"灭过程"。由于"灭过程"中流的强度与参与工作的单元数量呈线性关系，且本题中各单元之间为独立关系，只要不发生备件短缺的情况，哪怕备件数量为 0，这些状态之间该流的强度始终等于 3λ。随着备件短缺数的增大，同时工作的单元数量逐一减小，流的强度也随之减为 2λ、λ，3 个单元全部停止工作是生灭图的终点，对应着备件短缺数为 3(或者说备件数量为–3)。生灭图中由右至左的流描述的是备件补给过程,是备件数量增长的"生过程"。由于每发生一次故障就产生一次备件需求,就要求补给一次,由例 6.1.1 的经验可知,该流的强度与发生故障单元数量呈线性关系,不再赘述。生灭图如图 6.1.3 所示。

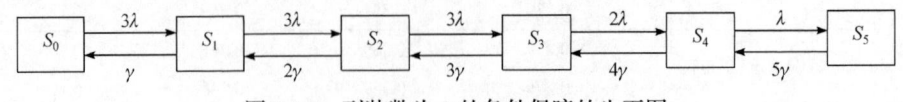

$$S_0 \underset{\gamma}{\overset{3\lambda}{\rightleftarrows}} S_1 \underset{2\gamma}{\overset{3\lambda}{\rightleftarrows}} S_2 \underset{3\gamma}{\overset{3\lambda}{\rightleftarrows}} S_3 \underset{4\gamma}{\overset{2\lambda}{\rightleftarrows}} S_4 \underset{5\gamma}{\overset{\lambda}{\rightleftarrows}} S_5$$

图 6.1.3　列装数为 3 的备件保障的生灭图

(2) 由生灭过程理论,各个状态的概率结果见表 6.1.3。这些结果表明:在整个列装期间,通过连续补给,有 14.6%的时间备件数量等于 2,29.3%的时间备件数量等于 1,29.3%的时间备件数量等于 0,19.5%的时间处于备件短缺数为 1 的状态,6.5%的时间处于备件短缺数为 2 的状态,0.9%的时间处于备件短缺数为 3 的状态;或者说,在任意时刻盘点仓库,有 14.6%的可能性备件数量等于 2,29.3%的可能性备件数量等于 1,29.3%的可能性备件数量等于 0,19.5%的可能性处于备件短缺数为 1 的状态,6.5%的可能性处于备件短缺数为 2 的状态,0.9%的可能性处于备件短缺数为 3 的状态。

表 6.1.3　单元列装数为 3 时各状态的概率的理论计算结果

状态名称	S_0	S_1	S_2	S_3	S_4	S_5
备件数量	2	1	0	−1	−2	−3
状态的概率/%	14.6	29.3	29.3	19.5	6.5	0.9

当可用备件数量在 0~2 时,3 个单元全部工作;可用备件数量等于−1 对应着备件短缺,此时有 1 个单元停止工作;当可用备件数量等于−2 时有 2 个单元停止工作;当可用备件数量等于−3 时有 3 个单元全部停止工作。由表 6.3.1 可知,在整个列装期间,有 73.1%时间 3 个单元都工作,有 19.5%时间 2 个单元工作,有 6.5%时间 1 个单元工作,有 0.9%时间没有单元能工作。

为验证上述结果,建立单元列装数大于 1 时连续补给的备件保障仿真模型,该模型用于模拟各单元在任意时刻的工作状态。该模型也属于过程模型,因此和前述模型流程大体相似,差别在于增加了描述各单元工作状态的矩阵 dyTwg,dyTwg 中每两列为一组,用于记录某单元每次开始/恢复工作和因故障而停止工作的时刻,利用该矩阵数据,可以得知在任意时刻各单元是处于工作状态还是停机状态,数组 dyNg$_k$ 描述了在仿真过程中单元 k 发生故障的次数,数组 Tdg$_k$ 描述了单元 k 当前发生故障的时刻,数组 Fdr$_k$ 是单元 k 的仿真运行标志,$1 \leqslant k \leqslant$ Ndy,Ndy 为单元列装数量。

(1) 初始化。

仿真终点时刻记为 Tw，令仿真时钟 simTw 初始值为 0，dyTwg 的初始值全为 0，$dyNg_k$ 的初始值为 0；按照单元的寿命分布规律产生 Ndy 个随机数，保存在 Tdg_k 中；仓库内各备件信息保存在矩阵 spare(i,j) 中，其中 $1 \leq i \leq 2$、$1 \leq j \leq S$，该矩阵第一行 spare(1,:) 为各备件的寿命值，这些寿命值是服从单元寿命分布规律的随机数，第二行 spare(2,:) 为各备件的可用时刻，令 spare(2,:) 的初始值全部为 0；令各单元仿真运行标志 Fdr_k 等于 1。

(2) 判断 $\sum_{k=1}^{Ndy} Fdr_k > 0$ 是否成立，是则执行(3)继续仿真，否则执行(7)终止仿真。

(3) 计算故障发生时刻 Tg。

在各单元的当前故障时刻 Tdg_k 中寻找最小值，该最小值即为 Tg，对应的序号记为 ig，更新该单元的故障次数，令 $dyNg_{ig} = dyNg_{ig} + 1$，$dyTwg(dyNg_{ig}, 2ig) = Tg$。

(4) 若故障时刻 Tg 超过仿真终止时刻 Tw，则令 $Tdg_{ig} = \infty$，$Fdr_{ig} = 0$，$dyTwg(dyNg_{ig}, 2ig) = Tw$，单元 ig 终止仿真，执行(2)；否则执行(5)。

(5) 模拟连续补给备件。

故障发生后立刻申请补给备件，新备件的寿命和保障耗时分别记为 t_1、t_2，则新备件的可用时刻即为其到达时刻 $Tg+t_2$，把 $[t_1 \quad Tg+t_2]^T$ 增加到矩阵 spare 中，并把 spare(2,:) 中的数据由小到大排序，更新 spare。

(6) 模拟换件维修。

spare 中的第一项备件是最早能完成换件维修的备件，仿真时钟 simTw 推进到维修完毕时刻，令 simTw=max(Tg,spare(2,1))。此时，若维修完毕时刻 simTw 未到达终点时刻 Tw，则更新该单元的恢复工作时刻，令 $dyTwg(dyNg_{ig}+1, 2ig-1) = $ simTw，更新故障单元的下次故障时刻，令 $Tdg_{ig} = $simTw+spare(1,1)，然后从 spare 中删除第一项备件信息 spare(:,1)；若 simTw ≥ Tw，则单元 ig 终止仿真，令 $Tdg_{ig} = \infty$，$Fdr_{ig} = 0$，执行(2)。

(7) 终止仿真，输出相关结果。

由于矩阵 dyTwg 记录了各单元每次开始(或恢复)工作时刻和因发生故障而停机时刻，就可以得到在列装期间任意时刻各单元的状态(工作或不工作)，从而也就可以统计出所有单元的工作情况。大量仿真后，可以得到在列装期间，若干个单元同时工作的概率或者时间百分比。

以 n 个单元同时工作的概率来描述单元在列装期间的工作情况。表 6.1.4 列出了 3 组单元寿命和保障耗时分布参数，单元列装数为 3，各单元之间为独立关系，初始备件数量为 2 时，这些工作情况概率的仿真结果和理论结果。每栏数据中上面一行为仿真结果，下面一行为理论结果。大量仿真验证结果表明，两者极为接近。这表明上述绘制生灭图的思路、对状态的概率物理含义的理解以及单元使用可用度的计算思路都是正确无误的。

表 6.1.4 单元列装数为 3 时各工作情况概率的仿真结果和理论结果

指数分布的失效率	3 个单元同时工作	2 个单元同时工作	1 个单元同时工作	0 个单元同时工作
λ =0.002	0.733	0.194	0.065	0.009
γ =0.003	0.731	0.195	0.065	0.009
λ =0.003	0.683	0.222	0.083	0.012
γ =0.004	0.680	0.223	0.084	0.013
λ =0.004	0.655	0.237	0.093	0.015
γ =0.005	0.651	0.239	0.095	0.015

例 6.1.2 中各单元的关系是相互独立的，因此备件短缺数量等于单元列装数量 Ndy 是终点状态。关注点不同，生灭图的终点也不相同。例如，如果这些单元必须同时工作，那么备件数量等于–1 是其终点状态；如果要求至少有 k 个单元能正常工作，那么备件短缺数量等于 Ndy– k 是其终点状态。

装备从开始列装服役到退出现役无疑可视为长期列装场景，这也是任何装备全寿命周期中必定经历的重要阶段，因此长期列装场景并不罕见。本节介绍的方法，在单元级层面提供了评估连续补给策略保障效果的方法。

6.1.2 短期任务场景

长期列装场景的连续补给备件保障评估方法，适用于评价装备的保障性设计，可用于保障系统的辅助设计。该方法的评价指标类似使用可用度，关注的是列装期间装备能正常工作的时间比例。此外，该方法所得结果是稳态解，是关于时间的平均结果。"千里之行，始于足下"，装备列装期间的总体表现是由装备执行历次任务的个体表现汇聚而成，因此除了关注总体保障效果，也会关注各次任务期间的保障效果。相对于漫长的服役期，长短不一的各次任务时间只能算是短期，能否在任务期内达到生灭过程所要求的稳态也未可知。此外，如果关注保障任务成败，那么将使用任务成功率而不是使用可用度来描述备件保障效果。这两点是不能应用生灭过程理论评估短期任务场景下连续补给备件保障效果的主要原因，需要另寻他法。

对于列装数为 1 且服从指数分布 Exp(a) 的单元，其备件需求量计算公式[4]为

第 6 章 常见的备件补给策略

$$\mathrm{Ps} = \sum_{i=0}^{S} \frac{(T_w/a)^i}{i!} e^{-\frac{T_w}{a}} \quad (6.1.4)$$

式中，$\frac{(T_w/a)^i}{i!} e^{-\frac{T_w}{a}}$ 记为 Pg_i，表示在任务期内恰好发生 i 次故障的概率，该式可拓展变形为

$$\mathrm{Ps} = \sum_{i=0}^{S} \mathrm{Pg}_i \mathrm{Pb}_i \quad (6.1.5)$$

Pb_i 表示第 i 次故障发生时可用备件数量大于 0 的概率，其表达式为

$$\mathrm{Pb}_i = \begin{cases} 1, & 0 \leqslant i \leqslant S \\ 0, & i > S \end{cases}$$

参照式(6.1.5)，对于任务期内执行连续补给的保障过程而言，设初始备件数量为 S，因理论上可用的备件数量为无穷大，则任务成功率 Ps 计算公式为

$$\mathrm{Ps} = \sum_{i=0}^{\infty} \mathrm{Pg}_i \mathrm{Pb}_i \quad (6.1.6)$$

在实际计算中，利用式(6.1.4)计算出当其 Ps 足够大时(如 Ps >0.999)对应的备件数量 N，可将其理解为最大故障次数，则式(6.1.6)可近似为

$$\mathrm{Ps} = \sum_{i=0}^{N} \mathrm{Pg}_i \mathrm{Pb}_i \quad (6.1.7)$$

如此一来，只要解决 $S < i \leqslant N$ 时如何计算 Pb_i 的问题，也就能得到任务场景下采用连续补给策略的备件保障效果评估问题。下面举例说明计算 Pb_i 的思路。

现有寿命服从指数分布 Exp(500) 的某单元，备件保障耗时服从指数分布，任务时间为 1000h，初始备件数量为 2，任务期间备件保障采用连续补给策略，希望计算此时保障任务的成功率。

首先，当备件数量为 8 时 Ps >0.999，因此可令 N =8。

以在任务期内发生 3 次故障、换件维修后成功完成任务为例进行阐述，如图 6.1.4 所示。

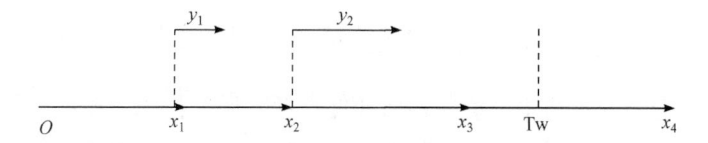

图 6.1.4 故障发生和备件补给时间示意图

第 1、2、3 次的故障时刻记为 x_1、x_2、x_3，在发生第 4 次故障前到达任务终点

时刻 Tw，申请补给备件后两次补给耗时记为 y_1、y_2，两个备件的到达时刻记为 x_1+y_1、x_2+y_2，第 3 次故障发生时若能立刻开展换件维修，则在 x_3 时刻已到达的备件数量(含初始备件数量)不得小于3。备件到达与否的判据是比较备件到达时刻和当前故障时刻的大小，例如若 $x_1+y_1 \leqslant x_3$，则第 1 次补给的备件在第 3 次故障发生前已经到达，该备件到达事件的概率记为 $P(x_1+y_1 \leqslant x_3)$，同理，可计算第 2 次补给的备件在第 3 次故障发生前已经到达的概率 $P(x_2+y_2 \leqslant x_3)$，利用卷积运算可以计算出第 3 次故障时刻 x_3 已到达备件数量不小于 3 的概率 Pgb_3，同理可计算出 Pgb_1、Pgb_2，且 $Pgb_0=1$。第 3 次故障能发生的前提是第 1、2 次故障发生时也成功完成了换件维修，因此第 3 次故障发生后有备件能成功进行换件维修的概率 Pb_3 为

$$Pb_3 = \prod_{j=0}^{3} Pgb_j$$

由于 x_1、x_2、x_3、y_1、y_2 都是随机数，且其分布概率函数都可以从单元寿命分布函数和保障耗时分布函数中推导出来，因此 $P(x_1+y_1 \leqslant x_3)$ 的数学本质是计算随机数 X 小于随机数 Y 的概率 $P(X<Y)$。若 $f(x)$ 是 X 的概率密度函数，$g(y)$ 是 Y 的概率密度函数，则

$$P(X<Y) = \int_0^t g(y) \int_0^y f(x) \mathrm{d}x \mathrm{d}y$$

短期任务场景下，初始备件数量记为 S，备件保障采用连续补给策略时，计算任务成功率的流程简述如下：

(1) 计算任务期内最大的故障发生次数 N。

(2) 在 $0 \leqslant i \leqslant N$ 内遍历计算任务期内恰好发生 i 次故障的概率 Pg_i。

(3) 在 $0 \leqslant i \leqslant N$ 内遍历计算第 i 次故障发生时已到达备件(含初始备件)数量不小于 i 的概率 Pgb_i。当 $0 \leqslant i \leqslant S$ 时，$Pgb_i=1$。

(4) 在 $0 \leqslant i \leqslant N$ 内遍历计算第 i 次故障发生后有可用备件的概率 Pb_i，$Pb_i = \prod_{j=0}^{i} Pgb_j$。

(5) 计算任务成功率 Ps，$Ps = \sum_{i=0}^{N} Pg_i Pb_i$。

理论上，上述方法适用于单元寿命和保障耗时服从任意分布；当单元列装数大于 1 时，上述方法仍然适用。为验证上述方法，建立如下短期任务场景时连续补给策略的备件保障仿真模型。

(1) 初始化。

单元列装数记为 Ndy，任务期间要求所有单元同时工作，任务终点时刻记为

Tw；数组 Td_k 记录了各单元的当前故障时刻，$1 \leqslant k \leqslant Ndy$，按照单元的寿命分布规律产生 Ndy 个随机数，把这些随机数赋值给 Td_k，作为 Td_k 的初始值；仓库内各备件信息保存在矩阵 spare(i,j) 中，其中 $1 \leqslant i \leqslant 2$，$1 \leqslant j \leqslant S$，该矩阵第一行 spare(1,:) 表示各备件的寿命值，这些寿命值是服从单元寿命分布规律的随机数，spare(1,:) 中的数按照由小到大的原则进行排序，第二行 spare(2,:) 表示各备件的可用时刻，令 spare(2,:) 的初始值全部为 0；令仿真运行标志 Frun 等于 1。

(2) 判断 Frun>0 是否成立，是则执行(3)继续仿真，否则执行(8)终止仿真。

(3) 计算故障发生时刻 Tg。Tg 是 Td_k 中的最小值，其对应的序号记为 ig。

(4) 若故障时刻 Tg 超过仿真终止时刻 Tw，则执行(8)终止仿真；否则，执行(5)。

(5) 判断 spare(2,1)≤Tg 是否成立。若不成立，则本次任务失败，令 Frun=0 后执行(2)；若成立，则执行(6)。

(6) 模拟连续补给备件。

故障发生后立刻申请补给备件，新备件的寿命和保障耗时分别记为 t_1、t_2，分别是服从单元寿命分布规律和保障耗时分布规律的随机数，则新备件的可用时刻即为其到达时刻 Tg+t_2，把 $[t_1 \quad Tg+t_2]^T$ 增加到矩阵 spare 中，并把 spare(2,:) 中的数据由小到大排序，更新 spare。

(7) 模拟换件维修。

spare 中的第 1 个备件是最早可用于换件维修的备件。更新当前故障单元的下一个故障时刻 Td_{ig}，令 $Td_{ig}=Td_{ig}+$spare(1,1)，然后从 spare 中删除第 1 个备件的信息 spare(:,1)，执行(2)。

(8) 终止仿真，输出相关结果。

若 Tg≥Tw，则保障成功标志 Fs＝1，在 spare 中找到可用时刻小于 Tw 的剩余备件，记其数量为 s_1；若 Tg＜Tw，则保障成功标志 Fs＝0，令 s_1=0。令仍在补给途中的备件数量 $s_2 = S - s_1$。

利用上述仿真模型，对保障成功标志 Fs 进行统计，其均值即为任务成功率的仿真结果。

表 6.1.5～表 6.1.12 中，单元列装数为 4，任务时间为 1000h，单元寿命和保障耗时服从常见的分布类型。通过逐一增大初始备件数量，分别利用仿真方法和本节介绍的计算方法得到各任务的成功率结果。其中，单元寿命分别服从常见的指数分布、伽马分布、正态分布和韦布尔分布；保障耗时则以指数分布和正态分布为例，前者代表保障过程中不确定性因素较多、保障耗时不确定性较大的情况，后者由于有"随机数集中在均值附近"的特点，可用来代表保障过程较为确定、

保障耗时可较为准确预估的情况。表中同时给出了任务结束后,剩余备件数量 s_1 和仍在保障途中的备件数量 s_2 两者的均值结果。

表 6.1.5　任务 1 的保障效果

分布信息	初始备件数量	任务成功率 仿真方法	任务成功率 本节方法	s_1	s_2
单元寿命分布 Exp(400),保障耗时 分布 Exp(200)	1	0.013	0.010	0.0	1.0
	2	0.114	0.106	0.1	1.9
	3	0.354	0.361	0.5	2.5
	4	0.656	0.657	1.5	2.5
	5	0.848	0.859	2.7	2.3
	6	0.943	0.955	3.8	2.2
	7	0.991	0.988	5.0	2.0
	8	0.998	0.998	6.0	2.0

表 6.1.6　任务 2 的保障效果

分布信息	初始备件数量	任务成功率 仿真方法	任务成功率 本节方法	s_1	s_2
单元寿命分布 Exp(400),保障耗 时分布 $N(200,70^2)$	1	0.002	0.005	0.0	1.0
	2	0.070	0.063	0.1	1.9
	3	0.234	0.268	0.4	2.6
	4	0.563	0.570	1.3	2.7
	5	0.813	0.808	2.6	2.4
	6	0.934	0.934	3.8	2.2
	7	0.982	0.981	4.9	2.1
	8	0.990	0.996	5.9	2.1

表 6.1.7　任务 3 的保障效果

分布信息	初始备件数量	任务成功率 仿真方法	任务成功率 本节方法	s_1	s_2
单元寿命分布 Ga(1.6,300),保障耗时 分布 Exp(200)	1	0.032	0.026	0.0	1.0
	2	0.241	0.230	0.3	1.7
	3	0.625	0.600	1.1	1.9
	4	0.861	0.868	2.1	1.9
	5	0.973	0.967	3.3	1.7
	6	0.993	0.994	4.4	1.6

表 6.1.8　任务 4 的保障效果

分布信息	初始备件数量	任务成功率 仿真方法	任务成功率 本节方法	s_1	s_2
单元寿命分布 Ga(1.6,300)，保障耗时 分布 $N(200,70^2)$	1	0.015	0.013	0.0	1.0
	2	0.153	0.156	0.1	1.9
	3	0.548	0.520	0.9	2.1
	4	0.825	0.836	2.0	2.0
	5	0.968	0.960	3.2	1.8
	6	0.991	0.992	4.3	1.7

表 6.1.9　任务 5 的保障效果

分布信息	初始备件数量	任务成功率 仿真方法	任务成功率 本节方法	s_1	s_2
单元寿命分布 $N(400,150^2)$，保障耗时 分布 Exp(200)	1	0.001	0.001	0.0	1.0
	2	0.075	0.083	0.1	1.9
	3	0.485	0.480	0.7	2.3
	4	0.858	0.848	1.8	2.2
	5	0.974	0.974	3.0	2.0
	6	0.997	0.997	4.0	2.0

表 6.1.10　任务 6 的保障效果

分布信息	初始备件数量	任务成功率 仿真方法	任务成功率 本节方法	s_1	s_2
单元寿命分布 $N(400,150^2)$，保障耗时 分布 $N(200,70^2)$	1	0.000	0.000	0.0	1.0
	2	0.009	0.014	0.0	2.0
	3	0.343	0.335	0.4	2.6
	4	0.859	0.855	1.8	2.2
	5	0.982	0.987	2.9	2.1
	6	1.000	1.000	3.9	2.1

表 6.1.11　任务 7 的保障效果

分布信息	初始备件数量	任务成功率 仿真方法	任务成功率 本节方法	s_1	s_2
单元寿命分布 $W(500,1.8)$，保障耗时 分布 Exp(200)	1	0.012	0.007	0.0	1.0
	2	0.190	0.180	0.2	1.8
	3	0.575	0.582	0.9	2.1
	4	0.853	0.877	2.1	1.9
	5	0.967	0.976	3.1	1.9
	6	0.999	0.996	4.2	1.8

表 6.1.12　任务 8 的保障效果

分布信息	初始备件数量	任务成功率 仿真方法	任务成功率 本节方法	s_1	s_2
单元寿命分布 $W(500,1.8)$，保障耗时分布 $N(200,70^2)$	1	0.003	0.002	0.0	1.0
	2	0.086	0.094	0.1	1.9
	3	0.493	0.490	0.7	2.3
	4	0.865	0.858	2.0	2.0
	5	0.983	0.976	3.2	1.8
	6	0.999	0.998	4.2	1.8

仔细观察上述结果发现：随着初始备件数量的增加，固然带来提高任务成功率这种受欢迎的结果，但任务结束后剩余备件数量也在变大。如果再加上还在补给途中的备件，那么总的备件数量和初始备件数量是相等的。造成这种结果的原因在于这种连续补给的条件太单一了，只有"消耗后立刻补给"这一条。设想一下：在任务结束的前一分钟，发生了一次故障且有备件，能立刻完成换件维修，那么是否还有必要再次申请补给备件呢？申请的备件能在任务结束前到达么？到达的新备件有多大的可能性会被用上？如果能合理解决这些问题，提高备件补给的门槛，那么可以预料，与原连续补给相比，任务结束后的剩余备件数量一定会减少。当然，这也会带来降低任务成功率的风险。那么，如何量化这些变化呢？采用仿真法，建立相关备件保障仿真模型是最具可行性、结果最可信的技术途径。

对于"申请的备件能否及时到达"问题，也就是"新备件的到达时刻小于故障时刻的概率有多大"的问题，只要掌握了计算两个随机数 X 和 Y 的概率 $P(X<Y)$ 方法就可以计算该概率，然后事前设置一个阈值，当该概率小于阈值时，视为申请的备件难以及时到达，此时不必申请补给备件。如此一来，也就回答了这个问题。

对于"到达的新备件有多大的可能性会被用上"问题，如果现有备件(包含仍在途中的备件)成功地保障了任务的完成，那么即便新申请的备件及时到达也不会用得上。因此，只需要计算以现有备件数量成功保障剩余任务时间的概率，就可用该概率来评估新备件能否用得上的可能性了。同样在事前设置一个阈值，当该概率大于阈值时，视为新备件用得上的可能性极小，此时不必申请补给备件。

下面介绍以"到达的新备件能被用上的概率"作为新增补给条件的仿真模型，该模型和本节之前的模型在主流程上相同，区别只在第(6)步上。为突出要点，其他步骤不再详述。

(1) 初始化。

(2) 判断 Frun>0 是否成立，是则执行(3)继续仿真，否则执行(8)终止仿真。

(3) 计算故障发生时刻 Tg。

(4) 若故障时刻 Tg 超过仿真终止时刻 Tw，则执行(8)终止仿真；否则执行(5)。

(5) 判断 spare(2,1)≤Tg 是否成立。若不成立，则本次任务失败，令 Frun=0 后执行(2)；若成立，则执行(6)。

(6) 模拟连续补给备件。

故障发生后首先计算概率 Pst，Pst 表示利用当前数量的备件(含仍在补给途中的备件)成功保障任务的概率，任务时间为 Tw−Tg。若 Pst 大于或等于阈值，则不必申请补给备件，执行(7)，否则立刻申请补给备件。申请的新备件寿命和保障耗时分别记为 t_1、t_2，表示服从单元寿命分布规律和保障耗时分布规律的随机数，则新备件的可用时刻即为其到达时刻 Tg+t_2，把 $[t_1 \quad Tg+t_2]^T$ 增加到矩阵 spare 中，并把 spare(2,:) 中的数据由小到大排序，更新 spare。

(7) 模拟换件维修。

(8) 终止仿真，输出相关结果。

显然，补给阈值不能小于保障要求中的最小任务成功率。为对比显示增加补给条件前后的保障效果，选取了 8 个任务，在每个任务中通过逐一增加初始备件数量的方式，给出了在不增加补给条件和增加补给条件但补给阈值有所不同的情况下，从任务成功率、任务结束后剩余备件数量 s_1 和仍在保障途中的备件数量 s_2 三方面评估保障效果。作如下约定：所有任务中单元列装数为 4，任务时间为 1000h，补给阈值分别设为 0.8 和 0.9。在表 6.1.13～表 6.1.20 中，原来的连续补给称为即时补给，把增加了补给条件的策略称为适时补给。

表 6.1.13 任务 1 的即时补给保障效果和适时补给保障效果

分布信息	初始备件数量	即时补给 任务成功率	s_1	s_2	适时补给，阈值 0.8 任务成功率	s_1	s_2	适时补给，阈值 0.9 任务成功率	s_1	s_2
单元寿命分布 Exp(400)，保障耗时分布 Exp(200)	1	0.010	0.0	1.0	0.011	0.0	1.0	0.012	0.0	1.0
	2	0.106	0.1	1.9	0.101	0.1	1.8	0.112	0.1	1.9
	3	0.361	0.6	2.4	0.357	0.5	2.0	0.337	0.5	2.2
	4	0.657	1.6	2.4	0.629	1.1	1.6	0.632	1.3	1.8
	5	0.859	2.8	2.2	0.807	1.8	1.0	0.826	2.1	1.2
	6	0.955	3.9	2.1	0.891	2.3	0.7	0.923	2.7	0.7
	7	0.988	5.0	2.0	0.928	2.7	0.4	0.949	3.1	0.5
	8	0.998	6.0	2.0	0.953	3.0	0.31	0.974	3.6	0.4

表 6.1.14　任务 2 的即时补给保障效果和适时补给保障效果

分布信息	初始备件数量	即时补给 任务成功率	s_1	s_2	适时补给，阈值 0.8 任务成功率	s_1	s_2	适时补给，阈值 0.9 任务成功率	s_1	s_2
单元寿命分布 Exp(400)，保障耗时分布 $N(200,70^2)$	1	0.005	0.0	1.0	0.008	0.0	1.0	0.003	0.0	1.0
	2	0.063	0.1	1.9	0.057	0.1	1.9	0.063	0.1	1.9
	3	0.268	0.4	2.6	0.285	0.4	2.2	0.276	0.4	2.3
	4	0.570	1.3	2.7	0.533	1.1	1.8	0.559	1.3	1.9
	5	0.808	2.4	2.6	0.785	1.9	1.0	0.801	2.2	1.1
	6	0.934	3.7	2.3	0.899	2.5	0.5	0.917	3.0	0.5
	7	0.981	4.9	2.1	0.941	2.9	0.3	0.970	3.5	0.2
	8	0.996	6.0	2.0	0.956	3.2	0.2	0.982	3.8	0.1

表 6.1.15　任务 3 的即时补给保障效果和适时补给保障效果

分布信息	初始备件数量	即时补给 任务成功率	s_1	s_2	适时补给，阈值 0.8 任务成功率	s_1	s_2	适时补给，阈值 0.9 任务成功率	s_1	s_2
单元寿命分布 Ga(1.6,300)，保障耗时分布 Exp(200)	1	0.026	0.0	1.0	0.025	0.0	1.0	0.025	0.0	1.0
	2	0.230	0.2	1.8	0.215	0.2	1.6	0.236	0.2	1.6
	3	0.600	1.1	1.9	0.542	0.7	1.3	0.572	0.7	1.4
	4	0.868	2.1	1.9	0.755	1.1	0.7	0.812	1.4	0.8
	5	0.967	3.3	1.7	0.863	1.5	0.4	0.906	1.8	0.4
	6	0.994	4.3	1.7	0.889	1.8	0.3	0.942	2.2	0.3

表 6.1.16　任务 4 的即时补给保障效果和适时补给保障效果

分布信息	初始备件数量	即时补给 任务成功率	s_1	s_2	适时补给，阈值 0.8 任务成功率	s_1	s_2	适时补给，阈值 0.9 任务成功率	s_1	s_2
单元寿命分布 Ga(1.6,300)，保障耗时分布 $N(200,70^2)$	1	0.013	0.0	1.0	0.014	0.0	1.0	0.015	0.0	1.0
	2	0.156	0.1	1.9	0.170	0.1	1.6	0.155	0.1	1.7
	3	0.520	0.9	2.1	0.504	0.6	1.3	0.522	0.8	1.4
	4	0.836	2.0	2.0	0.765	1.2	0.7	0.813	1.5	0.7
	5	0.960	3.3	1.7	0.885	1.6	0.3	0.927	2.0	0.3
	6	0.992	4.3	1.7	0.931	1.9	0.1	0.962	2.4	0.1

表 6.1.17　任务 5 的即时补给保障效果和适时补给保障效果

分布信息	初始备件数量	即时补给 任务成功率	s_1	s_2	适时补给，阈值 0.8 任务成功率	s_1	s_2	适时补给，阈值 0.9 任务成功率	s_1	s_2
单元寿命分布 $N(400,150^2)$，保障耗时分布 Exp(200)	1	0.001	0.0	1.0	0.000	0.0	1.0	0.001	0.0	1.0
	2	0.083	0.1	1.9	0.055	0.0	1.7	0.054	0.0	1.8
	3	0.479	0.7	2.3	0.269	0.1	1.4	0.318	0.2	1.5
	4	0.847	1.8	2.2	0.507	0.3	0.7	0.609	0.4	0.7
	5	0.975	3.0	2.0	0.654	0.4	0.4	0.762	0.7	0.5
	6	0.998	3.9	2.1	0.724	0.5	0.3	0.830	0.8	0.3

表 6.1.18　任务 6 的即时补给保障效果和适时补给保障效果

分布信息	初始备件数量	即时补给 任务成功率	s_1	s_2	适时补给，阈值 0.8 任务成功率	s_1	s_2	适时补给，阈值 0.9 任务成功率	s_1	s_2
单元寿命分布 $N(400,150^2)$，保障耗时分布 $N(200,70^2)$	1	0.000	0.0	1.0	0.000	0.0	1.0	0.000	0.0	1.0
	2	0.014	0.0	2.0	0.011	0.0	1.9	0.009	0.0	1.9
	3	0.335	0.4	2.6	0.221	0.1	1.7	0.267	0.1	1.8
	4	0.856	1.7	2.3	0.605	0.3	0.5	0.671	0.5	0.6
	5	0.987	2.9	2.1	0.737	0.5	0.2	0.837	0.7	0.2
	6	1.000	3.9	2.1	0.782	0.6	0.2	0.860	0.9	0.2

表 6.1.19　任务 7 的即时补给保障效果和适时补给保障效果

分布信息	初始备件数量	即时补给 任务成功率	s_1	s_2	适时补给，阈值 0.8 任务成功率	s_1	s_2	适时补给，阈值 0.9 任务成功率	s_1	s_2
单元寿命分布 $W(500,1.8)$，保障耗时分布 Exp(200)	1	0.007	0.0	1.0	0.009	0.0	1.0	0.010	0.0	1.0
	2	0.180	0.2	1.8	0.149	0.1	1.5	0.156	0.1	1.6
	3	0.582	0.9	2.1	0.427	0.3	1.2	0.491	0.4	1.2
	4	0.877	2.1	1.9	0.659	0.6	0.6	0.732	0.8	0.7
	5	0.976	3.2	1.8	0.767	0.8	0.3	0.843	1.2	0.3
	6	0.996	4.2	1.8	0.839	1.0	0.2	0.894	1.4	0.2

表 6.1.20　任务 8 的即时补给保障效果和适时补给保障效果

分布信息	初始备件数量	即时补给 任务成功率	s_1	s_2	适时补给，阈值 0.8 任务成功率	s_1	s_2	适时补给，阈值 0.9 任务成功率	s_1	s_2
单元寿命分布 $W(500,1.8)$，保障耗时分布 $N(200,70^2)$	1	0.002	0.0	1.0	0.002	0.0	1.0	0.002	0.0	1.0
	2	0.094	0.1	1.9	0.084	0.0	1.7	0.085	0.1	1.8
	3	0.490	0.7	2.3	0.419	0.4	1.2	0.461	0.5	1.3
	4	0.858	1.9	2.1	0.712	0.7	0.5	0.782	1.0	0.5
	5	0.977	3.1	1.9	0.830	1.0	0.2	0.884	1.3	0.2
	6	0.998	4.2	1.8	0.854	1.1	0.1	0.922	1.5	0.1

以上结果表明,增加补给条件后,任务结束后的剩余备件都有较为明显的减少,但同时也会造成任务成功率的下降。相比阈值为 0.8 的适时补给,采用阈值为 0.9 的适时补给策略造成的任务成功率下降会更小一些。实际工作中,阈值的设定值至少要比保障要求中的任务成功率要大,才不会造成原任务成功率的显著下降。对于上述 8 个任务中的 4 个任务,如果要求任务成功率不低于 0.8,那么阈值为 0.9 才能在原初始备件数量不变的情况下,仍能保证达到保障要求。对于其余 4 个任务,阈值要大于 0.9 才能达到这种要求。对于具体任务,可以使用上述仿真模型找到合适的补给阈值。

本节提供的短期任务场景连续补给策略的备件保障效果评估方法能准确计算任务成功率,且单元寿命和保障耗时的分布规律可为多种常见分布类型,弥补了生灭过程理论只适于长期列装场景、单元寿命和保障耗时的分布规律限于指数分布(但可用于估算其他分布类型)的情况。两者可相互结合,相得益彰。

6.2　一次性补给

一次性补给主要用于任务场景。本节所述的一次性补给,特指在任务期间不再有来自外部的备件补给,而是在执行任务前一次性地把备件准备好。本节以海军常见的舰艇编队执行海上任务为例进行论述。作如下约定:舰艇编队由多艘任务舰船和 1 艘综合保障船组成。任务舰船一般会随舰携带部分备件,综合保障船可视为备件仓库,因此可把舰艇编队的保障组织结构视为两级保障。本节给出一种在已知各任务舰船的随舰备件数量、综合保障舰船的备件数量时的备件保障效果评估方法,可用于计算任务期内两级保障下的备件需求量。

一次性补给和连续补给的本质差别是什么?仅仅是有无来自外部的备件补给么?从表面上看,也存在任务舰船由于自身备件消耗而向综合保障船申请补给的现象。但是,这种补给现象和连续补给时的"消耗 1 个备件就立刻补给 1 个"存在着显著不同。

举例说明:任务舰船 A 有 3 个备件,任务舰船 B 有 1 个备件,这两艘任务舰船的任务强度相同;综合保障船有 1 个备件。如果按照连续补给的做法,任务舰船 A 和 B 有相同的可能性获得综合保障船上的那 1 个备件。设想一下:如果任务舰船 A 首先发生故障并完成换件维修后,有必要向综合保障船申请备件补给吗?通常不会!实际情况更多的是只有当各任务舰船的自身备件消耗完毕后才会申请备件补给。由于任务舰船 B 的随舰备件数量小于任务舰船 A,因此,任务舰船 B 有更大的概率会先于任务舰船 A 消耗完自身备件,从而以更大的概率获得综合保障船上的那 1 个备件。

连续补给"消耗1个备件就立刻补给1个"的背后是后方有无限多的备件可供前送。装备现场的备件除直接用于维修工作外,另一个作用是为后续的备件补给赢得时间,尽量避免陷入"等米下锅"的困境。一次性补给的背后却是备件总数有限。此时,综合保障船上的备件相当于预备队,不到最后时刻不会投入使用。因此,连续补给和一次性补给的这种显著差异,导致不能采用针对连续补给的备件效果评估方法,去计算一次性补给策略下两级保障时的备件保障效果。虽然文献[5]给出了两级保障下的备件保障效果评估方法,但该方法实际上是按照连续补给思路设计的,因此该方法只适用于有外部备件补给,或虽然无外部备件补给,但各任务舰船的工作强度相同且都没有随舰备件的情况。

在不考虑舰艇之间的横向保障的情况下,舰艇编队海上任务期间备件保障具有如下特点:

(1) 各任务舰船的随舰备件数量不一定相同。

各任务舰船的随舰备件数量不一定相同的原因有很多。例如:同型装备在不同型号的任务舰船上,而不同型号的舰船具有不同的备件携行能力;各任务舰船的任务强度不尽相同或者在编队中的重要性程度不同,都会导致随舰备件数量不同。

(2) 任务舰船的随舰备件仅限自身使用。

(3) 综合保障船的备件共享使用。

在执行任务前对舰船编队的备件进行一次性补给时,关心备件保障效果的大致有两类人:一类是筹划备件保障方案的备件供应方,另一类是装备使用方。两者的关注点不尽相同,评价备件保障效果的指标也不大一样。前者主要关心备件保障是否充分,用备件保障概率(也就是备件满足率)来描述;后者更关心装备在任务期间的战备完好性,用任务成功率或使用可用度来描述。

一般来说,舰船编队内各型单元的列装数会大于 1。为便于论述,在本节中假定单元列装在多艘任务舰船上,每艘任务舰船的单元列装数为 1,各单元之间相互独立工作,且编队内部的备件补给耗时较少,可忽略不计。作如下约定:单元的列装数记为 Ndy,各任务舰船的随舰备件数量记为 s_k,该单元在各任务舰船上的计划任务时间记为 Tw_k,综合保障船的备件数量记为 S。下面分别介绍针对这两类人的备件保障效果评估方法。

6.2.1 备件供应方

备件供应方关注对所有单元的备件需求满足程度,用备件保障概率来评价。该方法主要涉及两个知识点:

(1) 计算 1 个单元在任务期内恰好发生 i 次故障的概率。

(2) 卷积。

若各任务舰船除自身的备件外,还消耗了若干来自综合保障船的备件,其数

量记为 Sz_k，则只要 $\sum_{k=1}^{Ndy} Sz_k \leqslant S$，就成功满足了所有任务舰船的备件需求，因此备件保障概率 Ps 也就是概率 $P\left(\sum_{k=1}^{Ndy} Sz_k \leqslant S\right)$。利用概率 $P(Sz_k)$，通过卷积可得到 $P\left(\sum_{k=1}^{Ndy} Sz_k\right)$。

具体的保障效果评估步骤如下所示。

(1) 令任务舰船序号 $k=1$。

(2) 计算概率数组 Pk_i 中的值。Pk_1 表示任务时间 Tw_k 内舰船 k 发生故障的次数不超过 s_k 的概率，Pk_2 是恰好发生 s_k+1 次故障的概率，依此类推，直至计算 Pk_{S+1}。常见寿命分布类型的 Pk_i 计算公式如下：

对于寿命服从指数分布 $Exp(a)$ 的单元，有

$$Pk_i = \begin{cases} \sum_{j=0}^{s_k} \dfrac{Tw_k{}^j}{a^j j!} e^{\frac{-Tw_k}{a}}, & j=1 \\[2ex] \dfrac{Tw_k{}^{s_k+j-1}}{a^{s_k+j-1}(s_k+j-1)!} e^{\frac{-Tw_k}{a}}, & j>1 \end{cases}$$

对于寿命服从伽马分布 $Ga(a,b)$ 的单元，有

$$Pk_i = \begin{cases} 1 - \dfrac{1}{b^{(1+s_k)a} \Gamma((1+s_k)a)} \int_0^{Tw_k} x^{(1+s_k)a-1} e^{\frac{-x}{b}} dx, & j=1 \\[2ex] \dfrac{1}{b^{(j+s_k-1)a} \Gamma((j+s_k-1)a)} \int_0^{Tw_k} x^{(j+s_k-1)a-1} e^{\frac{-x}{b}} dx \\[2ex] \quad - \dfrac{1}{b^{(j+s_k)a} \Gamma((j+s_k)a)} \int_0^{Tw_k} x^{(j+s_k)a-1} e^{\frac{-x}{b}} dx, & j>1 \end{cases}$$

对于寿命服从正态分布 $N(a,b^2)$ 的单元，有

$$Pk_i = \begin{cases} 1 - \dfrac{1}{b\sqrt{2(1+s_k)\pi}} \int_{-\infty}^{Tw_k} e^{\frac{-(x-a(1+s_k))^2}{2(1+s_k)b^2}} dx, & j=1 \\[2ex] \dfrac{1}{b\sqrt{2(j+s_k-1)\pi}} \int_{-\infty}^{Tw_k} e^{\frac{-(x-a(j+s_k-1))^2}{2(j+s_k-1)b^2}} dx - \dfrac{1}{b\sqrt{2(j+s_k)\pi}} \int_{-\infty}^{Tw_k} e^{\frac{-(x-a(j+s_k))^2}{2(j+s_k)b^2}} dx, & j>1 \end{cases}$$

(3) 若 $k>1$，则对 Pk 和 Pt 进行卷积，并把结果返回到 Pt 中，即 Pt=Pk*Pt，"*"表示卷积，否则令 Pt=Pk。

(4) 令 $k=k+1$，若 $k \leqslant Ndy$ 则执行(2)，否则执行(5)。

(5) 终止计算，令 $Ps=\sum_{m=1}^{S+1} Pt_m$ ，Ps 即为备件保障概率。

相对应的备件保障仿真模型如下所示。

(1) 初始化。

任务终点时刻记为 Tw；数组 Td_k 记录了各任务舰船单元的当前故障时刻，按照单元的寿命分布规律产生 Ndy 个随机数对其进行初始化；令各任务舰船单元仿真运行标志 $Frun_k=1$ ，各任务舰船单元成功完成任务标志 $F_k=0$ 。

(2) 判断 $\sum_{k=1}^{Ndy} Frun_k>0$ 是否成立，成立则执行(3)继续仿真，否则执行(7)终止仿真。

(3) 计算故障发生时刻 Tg。

Tg 是 Td_k 中的最小值，其对应的序号记为 ig。

(4) 若故障时刻 Tg 超过仿真终止时刻 Tw_{ig} ，则令 $Frun_{ig}=0$ ，$F_{ig}=1$ ，$Td_{ig}=\infty$ ，执行(2)；否则执行(5)。

(5) 判断是否有备件。

若 $s_{ig}>0$ 成立，则故障单元所在任务舰船仍有备件，令 $s_{ig}=s_{ig}-1$ ；若 $s_{ig}>0$ 不成立，则继续判断 $S>0$ 是否成立，成立则综合保障船有备件，令 $S=S-1$ ；执行(6)。若 $s_{ig}>0$ 和 $S>0$ 都不成立，则令 $Frun_{ig}=0$ 、$Td_{ig}=\infty$ 后执行(2)。

(6) 模拟换件维修。

按照单元的寿命分布规律产生随机数 x ，更新当前故障单元的下一个故障时刻 Td_{ig} ，令 $Td_{ig}=Td_{ig}+x$ ，执行(2)。

(7) 终止仿真，输出相关结果。

令 $Fs=\prod_{k=1}^{Ndy} F_k$ ，$Fs=1$ 意味着满足了所有任务舰船的备件需求。

多次运行仿真模型后，Fs 的均值即为备件保障概率 Ps 的仿真结果。

理论上，针对舰艇编队计算备件需求量时，需要同时计算各任务舰船和综合保障船的备件需求量。但实际工作中，由于多方面因素的影响，"已知各任务舰船随舰备件数量，计算综合保障船备件需求量"模式更为常见。例如，随舰备件数量可能已经属于标准化工作范围以内，有相应的规定、标准，属于装备的常态化保障工作的一部分，此时只需要遵守，不需要改变。当因任务强度加大、随舰备件可能不满足需求时，通过在综合保障船上增补备件来进一步提供保障；或者，当编队内部允许横向保障(任务舰船之间允许进行关于备件的互通有无)时，考虑到编队内部横向保障耗时较少乃至可以忽略不计，此时无论各任务舰船的随舰备件数量等于多少，整个编队的保障效果与"各任务舰船的随舰备件数量为 0，所有备件集中在综合保障船上"的保障效果是相同的；或者，按照"舰船自身保障为主，编队保障为辅"的原则准备备件时，各任务舰船可以按照一个较高的要求单独计算自己的随舰备件需求量，然后以此为基础，按照一个更高的要求，再计算综合保障船的备件需求量。总之，在两级保障下，"已知各任务舰船随舰备件数量，计算综合保障船备件需求量"在现实中普遍存在。

例 6.2.1 若某单元的寿命分布规律分别如下，安装在 3 艘舰船上，计划任务时间分别为 400h、700h 和 1000h，各舰船的随舰备件数量分别为 1、2 和 2，要求备件保障概率不低于 0.9，计算综合保障船的备件需求量，并进行仿真验证。

(1) 单元寿命服从指数分布 Exp(300)。

(2) 单元寿命服从伽马分布 Ga(2.1,150)。

(3) 单元寿命服从正态分布 $N(280,120^2)$。

解 (1) 采用上述方法，综合保障船的备件数量从 0 开始，逐一增加，直至备件保障概率满足要求。该指数型单元的综合保障船备件需求量计算过程的中间结果如表 6.2.1 所示，备件需求量为 6。

表 6.2.1 指数型单元的综合保障船备件需求量计算过程的中间结果

备件数量	备件保障概率	
	评估结果	仿真结果
0	0.125	0.127
1	0.283	0.300
2	0.513	0.489
3	0.664	0.659
4	0.799	0.790
5	0.878	0.881
6	0.930	0.937

(2) 该伽马型单元的综合保障船备件需求量计算过程的中间结果如表 6.2.2 所示，备件需求量为 4。

表 6.2.2 伽马型单元的综合保障船备件需求量计算过程的中间结果

备件数量	备件保障概率	
	评估结果	仿真结果
0	0.227	0.213
1	0.517	0.499
2	0.731	0.744
3	0.897	0.893
4	0.968	0.963

(3) 该正态型单元的综合保障船备件需求量计算过程的中间结果如表 6.2.3 所示，备件需求量为 3。

表 6.2.3　正态型单元的综合保障船备件需求量计算过程的中间结果

备件数量	备件保障概率	
	评估结果	仿真结果
0	0.144	0.137
1	0.484	0.493
2	0.817	0.795
3	0.944	0.939

6.2.2　装备使用方

当各任务舰船上的单元独立工作时，某个单元发生故障后因为没有备件而自身任务执行失败后，其他正在执行任务的单元不受影响，会继续工作。因此，6.2.1 节的备件保障概率并不能描述各任务舰船单元成功完成各自任务的程度，它只描述了所有单元都成功完成任务的可能性大小。显然，装备使用方更关心在两级保障下自身单元任务成功率的大小。

某任务舰船上的单元未能成功执行任务，究其原因是在和其他单元争夺综合保障船备件时未能获得所需的备件。当所有任务舰船除自身备件外，额外需要的备件数量之和不大于综合保障船上的备件数量时，不存在争夺备件现象。当额外需要的备件数量之和大于综合保障船上的备件数量时，必然会出现因争夺失败而自身任务失败的任务舰船。如果能准确描述这种备件争夺现象，就能解决装备使用方关心的任务成功率计算问题。以下的仿真模型能模拟各任务舰船单元的任务成功率。仿真模型如下所示。

(1) 初始化。

任务终点时刻记为 Tw；数组 Td_k 记录了各任务舰船单元的当前故障时刻，按照单元的寿命分布规律产生 Ndy 个随机数对其进行初始化；令各任务舰船单元仿真运行标志 $Frun_k=1$，各任务舰船单元成功完成任务标志 $F_k=0$。

(2) 判断 $\sum_{k=1}^{Ndy} Frun_k > 0$ 是否成立，成立则执行(3)继续仿真，否则执行(7)终止仿真。

(3) 计算故障发生时刻 Tg。

Tg 是 Td_k 中的最小值，其对应的序号记为 ig。

(4) 若故障时刻 Tg 超过仿真终止时刻 Tw_{ig}，则令 $Frun_{ig}=0$，$F_{ig}=1$，$Td_{ig}=\infty$，执行(2)；否则执行(5)。

(5) 判断是否有备件。

若 $s_{ig} > 0$ 成立，则故障单元所在任务舰船仍有备件，令 $s_{ig} = s_{ig} - 1$；若 $s_{ig} > 0$ 不成立，则继续判断 $S > 0$ 是否成立，成立则综合保障船有备件，令 $S = S - 1$；执行(6)。若 $s_{ig} > 0$ 和 $S > 0$ 都不成立，则令 $\text{Frun}_{ig} = 0$、$\text{Td}_{ig} = \infty$ 后执行(2)。

(6) 模拟换件维修。

按照单元的寿命分布规律产生随机数 x，更新当前故障单元的下一个故障时刻 Td_{ig}，令 $\text{Td}_{ig} = \text{Td}_{ig} + x$，执行(2)。

(7) 终止仿真，输出相关结果。

输出 F_k，$F_k = 1$ 意味着任务舰船 k 上的单元任务执行成功。

多次运行仿真模型后，F_k 的均值就是任务舰船 k 上的单元成功执行任务概率的仿真结果，即任务成功率 Psd_k。

表 6.2.4 展示了例 6.2.1 中针对指数型单元，计算综合保障船备件需求量过程中，综合保障船配备不同备件数量时备件保障概率计算结果和各任务舰船的任务成功率仿真结果。表中的备件保障概率是从备件供应角度给出的评价结果，也可以理解为所有任务舰船都成功完成任务的概率。

表 6.2.4 指数型单元的综合保障船备件保障概率和各任务舰船任务成功率

综合保障船备件数量	备件保障概率	任务舰船1任务成功率	任务舰船2任务成功率	任务舰船3任务成功率
0	0.127	0.593	0.594	0.360
1	0.300	0.815	0.678	0.429
2	0.489	0.930	0.774	0.584
3	0.659	0.964	0.879	0.708
4	0.790	0.990	0.940	0.832
5	0.881	0.997	0.950	0.885
6	0.937	1.000	0.983	0.946

表 6.2.5 展示了例 6.2.1 中针对伽马型单元，计算综合保障船备件需求量过程中，综合保障船配备不同备件数量时备件保障概率计算结果和各任务舰船的任务成功率仿真结果。

表 6.2.5 伽马型单元的综合保障船备件保障概率和各任务舰船任务成功率

综合保障船备件数量	备件保障概率	任务舰船1任务成功率	任务舰船2任务成功率	任务舰船3任务成功率
0	0.213	0.764	0.728	0.381
1	0.499	0.957	0.857	0.566

续表

综合保障船备件数量	备件保障概率	任务舰船1 任务成功率	任务舰船2 任务成功率	任务舰船3 任务成功率
2	0.744	0.994	0.950	0.759
3	0.893	0.998	0.987	0.900
4	0.963	1.000	0.994	0.966

表 6.2.6 展示了例 6.2.1 中针对正态型单元，计算综合保障船备件需求量过程中，综合保障船配备不同备件数量时备件保障结果和各任务舰船的任务成功率仿真结果。

表 6.2.6 正态型单元的综合保障船备件保障概率和各任务舰船任务成功率

综合保障船备件数量	备件保障概率	任务舰船1 任务成功率	任务舰船2 任务成功率	任务舰船3 任务成功率
0	0.137	0.845	0.761	0.225
1	0.493	0.987	0.907	0.517
2	0.795	0.998	0.963	0.791
3	0.939	0.999	0.995	0.932

排除仿真结果微小波动的影响，以上结果表明，综合保障船的备件保障概率可以视为任务舰船任务成功率的下限结果。

下面介绍一种解析计算各任务舰船单元任务成功率的评估方法。随着单元列装数的增大，该方法的复杂度随之增大。仅以 2 艘任务舰船为例，简要介绍该方法的核心部分。

假定单元服从指数分布 Exp(300)，2 艘任务舰船的计划任务时间分别为 1400h 和 1000h，各任务舰船和综合保障船的备件数量分别为 1、2、2。以计算任务舰船 1 的任务成功率为例，该任务成功率由 3 部分组成：

(1) 任务舰船 1 和任务舰船 2 都成功执行任务的概率。

(2) 任务舰船 1 仅凭自身备件成功执行任务、任务舰船 2 消耗了综合保障船所有备件但任务失败的概率。

(3) 任务舰船 1 至少消耗综合保障船 1 个备件且任务成功、任务舰船 2 消耗了综合保障船剩余备件但任务失败的概率。

前两个概率的计算方法在前述章节中已经介绍，不再赘述，现在主要介绍第 3 个概率的计算方法。首先，可以遍历出两艘任务舰船争夺综合保障船备件的所有结果，例如各得到 1 个备件是其中之一，此时，任务舰船 1 共消耗 2 个备件，任务舰船 2 共消耗 3 个备件。那么，如何计算该情况下任务舰船 1 的任务成功率呢？

把任务舰船 1 发生第 2 次故障时刻记为 x_1，把第 2 个备件的寿命记为 x_2，把任务舰船 2 最后的故障时刻记为 y_1，则备件争夺结果和任务执行结果意味着以下 3 项事件同时发生。

事件 1：$x_1 < y_1$，代表任务舰船 1 在第二次故障后能争夺到综合保障船上的 1 个备件。

事件 2：$x_1 < 1400$ 且 $x_1 + x_2 \geq 1400$，代表任务舰船 1 在第二次换件维修后成功执行任务。

事件 3：$y_1 < 1000$，代表任务舰船 2 执行任务失败。

上述事件中，x_1 服从伽马分布 Ga(2,300)，x_2 服从指数分布 Exp(300)，y_1 服从伽马分布 Ga(4,300)。可用数值积分的方式计算上述事件同时发生的概率。在遍历计算所有备件争夺结果的概率并求和后，可以计算出任务舰船 1 的第 3 种概率，从而最终得到任务舰船 1 的任务成功率。同理，可以计算出任务舰船 2 的任务成功率。

表 6.2.7 是各任务舰船的任务时间分别为 1400h、1000h，单元寿命服从指数分布 Exp(300)，配备 10 种不同的任务舰船和综合保障船备件数量时，以综合保障船的备件保障概率和各任务舰船的任务成功率来描述备件保障效果，分别应用上述仿真模型和评估方法得到的结果。

表 6.2.7　列装数为 2 的指数型单元的备件保障效果仿真结果和评估结果

序号	任务舰船和综合保障船的备件数量	仿真结果			评估结果		
		备件保障概率	任务舰船 1 任务成功率	任务舰船 2 任务成功率	备件保障概率	任务舰船 1 任务成功率	任务舰船 2 任务成功率
1	1, 1, 2	0.089	0.137	0.343	0.091	0.137	0.345
2	2, 1, 2	0.198	0.297	0.445	0.174	0.258	0.432
3	2, 2, 2	0.276	0.337	0.634	0.275	0.330	0.610
4	2, 3, 2	0.375	0.412	0.752	0.364	0.396	0.763
5	2, 4, 2	0.431	0.448	0.874	0.428	0.445	0.873
6	2, 4, 3	0.574	0.585	0.921	0.598	0.608	0.920
7	3, 4, 3	0.741	0.747	0.951	0.739	0.750	0.948
8	3, 4, 4	0.847	0.852	0.975	0.845	0.851	0.974
9	3, 4, 5	0.912	0.915	0.983	0.915	0.917	0.988
10	4, 4, 5	0.960	0.960	0.996	0.956	0.958	0.993

表 6.2.8 是任务舰船的任务时间分别为 1400h、1000h，单元寿命服从伽马分布 Ga(2,300)，配备 10 种不同的任务舰船和综合保障船备件数量时，以综合保障船的备件保障概率和各任务舰船的任务成功率来描述备件保障效果，分别应用上述仿真模型和评估方法得到的结果。

表 6.2.8　列装数为 2 的伽马型单元的备件保障效果仿真结果和评估结果

序号	任务舰船和综合保障船的备件数量	仿真结果 备件保障概率	仿真结果 任务舰船1任务成功率	仿真结果 任务舰船2任务成功率	评估结果 备件保障概率	评估结果 任务舰船1任务成功率	评估结果 任务舰船2任务成功率
1	2, 1, 1	0.083	0.162	0.324	0.072	0.150	0.302
2	3, 1, 1	0.179	0.395	0.371	0.163	0.371	0.359
3	4, 1, 1	0.255	0.613	0.390	0.263	0.633	0.383
4	4, 2, 1	0.482	0.653	0.693	0.509	0.692	0.688
5	5, 2, 1	0.618	0.867	0.696	0.621	0.867	0.698
6	6, 2, 1	0.695	0.970	0.713	0.675	0.955	0.701
7	7, 2, 1	0.700	0.990	0.705	0.694	0.988	0.701
8	7, 2, 2	0.896	0.995	0.899	0.892	0.993	0.896
9	7, 2, 3	0.967	0.998	0.969	0.972	0.997	0.974
10	7, 3, 3	0.994	0.998	0.995	0.994	0.999	0.995

表 6.2.9 是任务舰船的任务时间分别为 1400h、1000h，单元寿命服从正态分布 $N(280,120^2)$，配备 10 种不同的任务舰船和综合保障船备件数量时，以综合保障船的备件保障概率和各任务舰船的任务成功率来描述备件保障效果，分别应用上述仿真模型和评估方法得到的结果。

表 6.2.9　列装数为 2 的正态型单元的备件保障效果仿真结果和评估结果

序号	任务舰船和综合保障船的备件数量	仿真结果 备件保障概率	仿真结果 任务舰船1任务成功率	仿真结果 任务舰船2任务成功率	评估结果 备件保障概率	评估结果 任务舰船1任务成功率	评估结果 任务舰船2任务成功率
1	0, 0, 2	0.000	0.000	0.003	0.000	0.000	0.003
2	0, 0, 3	0.000	0.000	0.047	0.000	0.000	0.045
3	0, 1, 3	0.001	0.002	0.192	0.001	0.002	0.185
4	1, 1, 3	0.025	0.029	0.437	0.030	0.032	0.447

续表

序号	任务舰船和综合保障船的备件数量	仿真结果			评估结果		
		备件保障概率	任务舰船1任务成功率	任务舰船2任务成功率	备件保障概率	任务舰船1任务成功率	任务舰船2任务成功率
5	2, 1, 3	0.169	0.170	0.714	0.170	0.173	0.722
6	2, 2, 3	0.435	0.436	0.903	0.448	0.449	0.899
7	2, 2, 4	0.742	0.742	0.974	0.730	0.731	0.972
8	2, 3, 4	0.895	0.896	0.993	0.894	0.894	0.994
9	2, 3, 5	0.976	0.976	0.998	0.971	0.971	0.999
10	2, 3, 6	0.995	0.995	1.000	0.993	0.993	1.000

6.3 小　　结

本章针对两种常见备件补给策略，给出典型场景下备件需求量方法。这些方法是两级保障下的单元级备件需求量计算方法。相比前述章节只计算装备现场的备件需求量，本章增加了计算后方仓库备件需求量部分，体现了后方保障组织对备件保障的影响。此外，虽然本章介绍的是两级保障的方法，但这些方法的思路也适用两级以上保障的情况。

参 考 文 献

[1] Sherbrooke C C. 装备备件最优库存建模——多级技术[M]. 2版. 贺步杰, 等译. 北京: 电子工业出版社, 2008.

[2] 阮旻智. 多级维修供应模式下舰船装备备件的配置优化方法研究[D]. 武汉: 海军工程大学, 2012.

[3] 陆凤山. 排队论及其应用[M]. 长沙: 湖南科学技术出版社, 1984.

[4] 中国人民解放军空军标准办公室. 备件供应规划要求: GJB 4355—2002[S]. 北京: 中国人民解放军总装备部, 2003.

[5] 李华, 李庆民. 面向任务的多级备件方案评估技术[M]. 北京: 兵器工业出版社, 2015.

第7章 部件级的备件需求

前面主要解决某类单元的备件需求量计算问题，本章解决当有多个类型单元时，如何从整体上优化计算各类单元的备件需求量问题。

装备一般具有像结构树那样的多层级结构。在本书中，把处于最底层的可维修产品称为单元。在本章中，把由多个单元组成、具备某种特定功能的产品称之部件。部件可视为单元和装备之间的中间层级。为方便论述，在本章中约定部件中的各单元具有不同的寿命分布规律，并根据各单元之间的可靠性连接形式，如串联(并联)，相应称其为串联(并联)部件。当部件中的某单元发生故障时，采用即时换件维修的方式排除故障，并以此为背景计算备件需求量。当各单元的备件数量确定后，该部件的备件方案也随之确定下来。

所谓部件级的备件需求是指在满足备件保障要求前提下，以某成本最小为优化目标，计算组成部件各单元的备件需求量。这除了要掌握前述章节的单元级备件需求量计算方法外，还要额外掌握一些优化算法，使得最终的备件方案能在满足某些约束条件下的同时，在成本方面(通常是费用)尽可能消耗较少。在本章中，费用特指备件采购费用。

本章围绕计算部件级的备件需求量时所需的优化方法和适用条件展开论述。

7.1 优化方法

7.1.1 边际优化法

图 7.1.1 是应用于备件方案优化的边际优化法流程图。

假定部件由 k 个单元组成，已知各单元的寿命分布函数、价格 dyM_i，各单元的备件数量记为 s_i，以部件的备件保障概率 bjPs 作为效益指标，要求在部件的备件保障概率不低于 p 的情况下备件方案的总费用尽可能最少，则基于边际优化法的备件方案优化过程如下：

(1) 初始化当前备件方案，令 $s_i=0$，$1 \leqslant i \leqslant k$。

(2) 计算备件方案的备件保障概率 bjPs 和费用 M。

(3) 计算各候选备件方案的备件保障概率 Ps_i 和效费比 Pm_i；候选备件方案共有 k 个，各候选备件方案与当前备件方案相比仅有一处不同，第 i 个候选备件方

```
                   ┌─────────────────────┐
                   │  初始化当前备件方案  │
                   └──────────┬──────────┘
                              │
          ┌───────────────────▼───────────────────┐
          │      计算当前备件方案的保障效果       │
    ┌────►│      （备件保障概率、费用等）          │
    │     └───────────────────┬───────────────────┘
    │                         │
    │     ┌───────────────────▼───────────────────┐
    │     │      计算各候选备件方案的效费比       │
    │     └───────────────────┬───────────────────┘
    │                         │
    │     ┌───────────────────▼───────────────────┐
    │     │      把当前备件方案更新为效费比       │
    │     │          最大的候选备件方案           │
    │     └───────────────────┬───────────────────┘
    │                         │
    │   否           ╱─────────▼────────╲
    └───────────────◄  是否满足保障要求？ ►
                    ╲─────────┬────────╱
                              │是
                        ┌─────▼─────┐
                        │   终止    │
                        └───────────┘
```

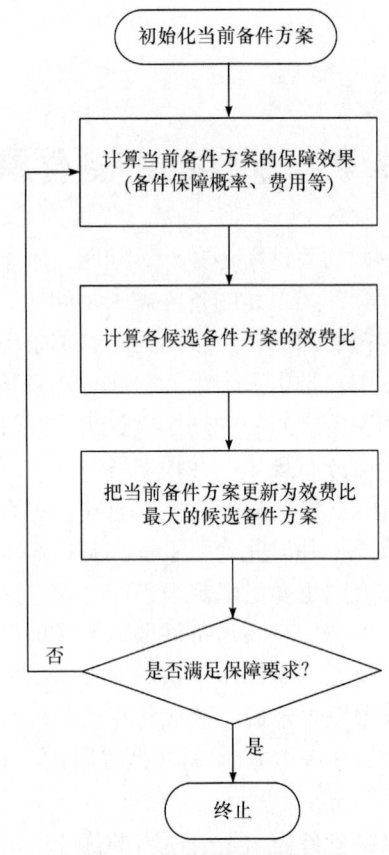

图 7.1.1　边际优化法流程图

案的第 i 个单元的备件数量比当前备件方案的对应单元备件数量多 1 个。当前备件方案和候选备件方案的示例如表 7.1.1 所示。

表 7.1.1　边际优化中当前备件方案和候选备件方案的示例

名称	单元1的备件数量	单元2的备件数量	单元3的备件数量	单元4的备件数量
当前备件方案	2	4	6	8
候选备件方案1	3	4	6	8
候选备件方案2	2	5	6	8
候选备件方案3	2	4	7	8
候选备件方案4	2	4	6	9

(4) 选择最大效费比的候选备件方案作为当前备件方案，并更新其备件保障

概率 bjPs 和费用 M。

(5) 判断是否满足保障要求 bjPs $\geq p$，若满足则终止计算，当前备件方案作为最终的优化结果；否则，转(3)。

其中效费比为

$$\text{Pm}_i = \frac{\text{Ps}_i - \text{bjPs}}{\text{dyM}_i} \tag{7.1.1}$$

从物理含义的角度看，效费比量化了某候选备件方案投入每增加一分钱的收益增加程度。

从数学的角度看，如果以备件方案的备件采购总费用为 X 轴，备件保障概率为 Y 轴，把所有备件方案标绘到二维平面上，则效费比实际上就是连接当前备件方案和候选备件方案这两点的斜率。边际优化法的基本思路是：以当前备件方案为基点，以"斜率最大"为优化方向，寻找下一个基点，多次循环迭代直到满足保障要求。边际优化法具有以斜率最大为优化方向的特点，表明该方法其实和梯度下降法是一脉相承的，后者多应用在多元连续函数求最小值问题上。梯度下降法的优化思想是以当前位置负梯度方向作为搜索方向，因为该方向为当前位置的最快下降方向，所以也称其为"最速下降法"。一般情况下，其解不保证是全局最优解。只有当目标函数是凸函数时，梯度下降法的解才是全局解。同样，边际优化过程中相邻两个方案具有局部最大效费比的关系，因此优化过程中各个备件方案是局部最优方案。在上述介绍中，只有当部件的备件保障概率是凸函数时，边际优化后的备件方案才能保证是全局最优方案。此时，对于边际优化得到的备件方案，当其备件保障概率和费用分别为 bjPs 和 M 时，可以说：若想达到备件保障概率不低于 bjPs 的要求，则备件采购的费用不能低于 M；或者说，当备件采购费用不能超过 M 时，所能达到的最大备件保障概率不会超过 bjPs。

7.1.2 遗传算法

遗传算法[1]是模拟生物在自然环境中的"物竞天择，优胜劣汰"过程，以进化实现优化的一种自适应全局优化概率搜索算法。下面对遗传算法的核心概念进行简要介绍。

遗传算法中，把 n 维决策向量 $X = [x_1 \ x_2 \ \cdots \ x_n]$ 中的 x_i 看成一个遗传基因，它的所有可能取值称为等位基因。在本章中，x_i 表示部件中各单元的备件数量。这样，X 就可看成由 n 个遗传基因组成的一个染色体。染色体的长度 n 可以是固定的，也可以是变化的。根据不同的情况，等位基因可以是一组整数，也可以是某一范围内的实数。染色体 X 也称为个体 X，对于每一个个体，要按照一定的规则确定其适应度。个体的适应度与其对应的个体 X 的目标函数值相关联。X 越接近目标函数的最优点,个体越优秀,其适应度越小;反之,其适应度越大。需要说明的是,不同软件的遗传算法函数对适应度的约定不一定相同,例如,在 MATLAB 的遗传算法工具箱中约定适应度越小,个体越优秀。本书采用与之相同的约定。

生物的进化是以群体为主体的。与此相对应,遗传算法的运算对象是由多个个体组成的集合,称为种群。与生物一代代的自然进化过程类似,遗传算法的运算过程也是一个反复迭代过程,第 i 代种群经过一代遗传和进化后,得到第 $i+1$ 代种群。这个群体经过不断地遗传和进化操作,每次都按照优胜劣汰的规则将较优秀的个体更多地遗传到下一代,最终在群体中将会得到一些更优秀的个体,这些优秀的个体将到达或接近问题的最优解。

生物的进化过程主要是通过染色体之间的交叉和染色体的变异来完成的。遗传算法的优化搜索过程也模仿了生物的进化过程,通过进行下列遗传操作,从而得到新一代种群。

(1) 选择:根据各个个体的适应度,按照一定的规则,从第 i 代种群中选择一些优良的个体遗传到下一代种群中。这种选择可以是确定性的,例如当前种群中最优秀的某些个体必然会被选中进入下一代种群,也可以是概率性的,越优秀的个体越可能被选中进入下一代种群。

(2) 交叉:俗称"杂交",将群体内的各个个体随机搭配成对,针对每一对个体,以某个概率(称为交叉概率)交换它们之间的部分染色体。杂交操作使得子代得以继承父代优良基因片段,增大了"强强联合从而更强"的可能性。

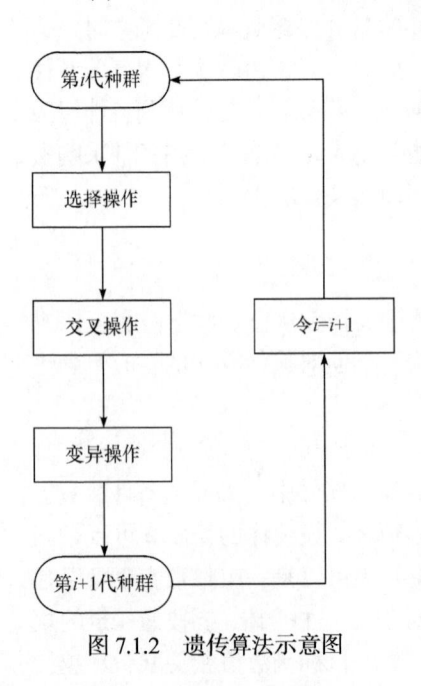

(3) 变异:对群体中的每一个个体,以某一概率(称为变异概率)改变某一个或某一些基因值为其他的等位基因值。变异操作能降低种群长期进化时带来同质化倾向,增加种群基因的多样性。从搜索的角度来说,该操作能有效避免在某局部区域长期进行搜索,相当于时不时地开辟新的优化搜索空间,从而使遗传算法具有全局优化搜索的特性。

MATLAB 等软件的遗传算法工具箱中已实现、封装了上述选择、交叉和变异等遗传操作,用户的主要工作集中在设计适应度函数上。图 7.1.2 是遗传算法的示意图。

图 7.1.2 遗传算法示意图

与其他优化算法相比，遗传算法主要具有以下特点。

(1) 传统的优化算法往往利用决策变量的实际值本身来进行优化计算，遗传算法却以决策变量的编码作为运算对象。这种把决策变量编码化的处理方式，使得在优化过程中能借鉴生物学中染色体和基因等概念，模拟自然界中生物的遗传机理，进而以进化的方式实现优化。

(2) 传统的优化算法不仅需要利用目标函数值，而且往往需要目标函数的导数值等其他一些辅助信息才能确定搜索方向。遗传算法只需要使用由目标函数值变换来的适应度函数值，就可以确定进一步的搜索方向，不需要目标函数的导数等其他信息，这对解决那些难以求导，甚至不可求导的函数优化问题极为有利。

(3) 遗传算法使用概率搜索技术，而不像许多传统优化算法那样使用确定性的搜索方法。如果从一个搜索点到另一个搜索点使用的是确定性的转移关系，那么可能会使得搜索永远达不到最优点。这也是传统优化算法的搜索结果有时取决于是否合理设置了初始值的原因之一。遗传算法采用一种自适应概率搜索技术，其选择、交叉、变异等运算都是以一种概率的方式来进行的，从而增加了搜索过程的灵活性，降低了搜索结果对遗传算法运行参数初始值设定的依赖性，也减轻了用户使用遗传算法时的调参工作量。当然，不同的交叉概率和变异概率也会影响算法的搜索效率。但从实际应用情况来看，只要进化的时间足够长，一般不会对最终的搜索结果产生较大影响。

遗传算法提供了一种求解复杂系统优化问题的通用框架，它不依赖于问题的具体领域，对各种问题有广泛的适应性，尤其是组合优化问题。部件的备件方案优化问题可视为部件中各单元备件数量的组合优化问题。随着问题规模的增大，组合优化问题的搜索空间也急剧扩大，以致难以在有限时间内以遍历的方式求出精确最优解。此时退而求其次，寻求复杂问题的较优解或者说满意解也日益成为人们的共识。实践表明，遗传算法作为寻求满意解的最佳工具之一，对组合优化中的 NP 完全问题非常有效，其已经在求解旅行商问题、背包问题、装箱问题等方面得到成功的应用。

7.2 串联部件

串联部件中各单元的连接形式如图 7.2.1 所示。

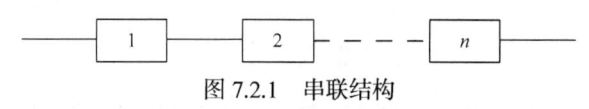

图 7.2.1　串联结构

若各单元的备件数量记为 s_i，各单元的备件保障概率记为 dyPs_i，则部件的保障概率 bjPs 为各单元备件保障概率的乘积。对于串联部件，任一单元在任务期间一旦发生故障却无备件可换时，该部件也就不能再继续工作了。因此，串联部件的备件保障概率也就是该部件的任务成功率，根据前述章节任务成功率和使用可用度之间的积分关系，可得串联部件的备件保障概率 bjPs、任务成功率 bjPw 和使用可用度 bjPa 为

$$\text{bjPs}(t) = \prod_{i=1}^{k} \text{dyPs}_i$$

$$\text{bjPw}(t) = \prod_{i=1}^{k} \text{dyPs}_i \quad (7.2.1)$$

$$\text{bjPa}(t) = \int_0^t \text{bjPw}(x)\,\mathrm{d}x$$

表 7.2.1 列出了单元寿命服从常见寿命分布类型时，其相应的备件保障概率。表中，s 为备件数量，t 为任务时间。

表 7.2.1 常见寿命分布类型的备件保障概率

序号	寿命分布类型	寿命分布概率密度函数	备件保障概率
1	指数分布 Exp(a)	$f(x) = \dfrac{1}{a} e^{\frac{-x}{a}}$	$\sum\limits_{j=0}^{s} \dfrac{(t/a)^j}{j!} e^{\frac{-t}{a}}$
2	伽马分布 Ga(a,b)	$f(x) = \dfrac{1}{b^a \Gamma(a)} x^{a-1} e^{\frac{-x}{b}}$	$1 - \dfrac{1}{b^{(1+s)a}\Gamma((1+s)a)} \int_0^t x^{(1+s)a-1} e^{\frac{-x}{b}} \mathrm{d}x$
3	正态分布 $N(a,b^2)$	$f(x) = \dfrac{1}{b\sqrt{2\pi}} e^{\frac{-(x-a)^2}{2b^2}}$	$1 - \dfrac{1}{b\sqrt{2(1+s)\pi}} \int_0^t e^{\frac{-(x-(1+s)a)^2}{2(1+s)b^2}} \mathrm{d}x$

当效益指标为备件保障概率时，采用边际优化法可以得到串联部件各单元备件数量的全局最优解。

例 7.2.1 某串联部件由 6 个单元组成，单元的信息如表 7.2.2 所示，计划任务时间为 1000h，当单元发生故障时立刻开展换件维修，试计算：

(1) 以部件的备件保障概率为效益指标，采用边际优化法计算备件保障概率在 0~0.99 的各种备件方案。

(2) 以部件的使用可用度为效益指标，采用边际优化法计算使用可用度在 0~0.99 的各种备件方案。

表 7.2.2 串联部件各单元信息

序号	单元寿命分布类型	单价/元
1	指数分布 Exp(1000)	660
2	伽马分布 Ga(2.1,600)	1200

续表

序号	单元寿命分布类型	单价/元
3	正态分布 $N(800, 270^2)$	1900
4	指数分布 Exp(1300)	2020
5	伽马分布 Ga(1.7, 800)	420
6	正态分布 $N(1200, 360^2)$	2040

解 (1) 表 7.2.3 是以部件的备件保障概率为效益指标，采用边际优化法得到的一系列备件方案，表中列出了各备件方案该部件的备件保障概率、使用可用度、备件采购费用和各单元的备件数量。

表 7.2.3 以串联部件备件保障概率为效益指标的边际优化结果

序号	备件保障概率	使用可用度	备件采购费用/元	单元1的备件数量	单元2的备件数量	单元3的备件数量	单元4的备件数量	单元5的备件数量	单元6的备件数量
1	0.008	0.326	0	0	0	0	0	0	0
2	0.033	0.353	1900	0	0	1	0	0	0
3	0.056	0.394	2320	0	0	1	0	1	0
4	0.112	0.514	2980	1	0	1	0	1	0
5	0.195	0.591	4180	1	1	1	0	1	0
6	0.344	0.766	6200	1	1	1	1	1	0
7	0.430	0.825	6860	2	1	1	1	1	0
8	0.604	0.872	8900	2	1	1	1	1	1
9	0.653	0.889	9320	2	1	1	1	2	1
10	0.696	0.904	9980	3	1	1	1	2	1
11	0.813	0.957	12000	3	1	1	2	2	1
12	0.871	0.972	13200	3	2	1	2	2	1
13	0.923	0.981	15100	3	2	2	2	2	1
14	0.937	0.984	15760	4	2	2	2	2	1
15	0.972	0.995	17780	4	2	2	3	2	1
16	0.979	0.996	18200	4	2	2	3	3	1
17	0.982	0.997	18860	5	2	2	3	3	1
18	0.987	0.997	20060	5	3	2	3	3	1
19	0.993	0.999	22080	5	3	2	4	3	1

(2) 表 7.2.4 是以部件的使用可用度为效益指标，采用边际优化法得到的一系列备件方案，表中列出了各备件方案该部件的备件保障概率、使用可用度、备件

采购费用和各单元的备件数量。

表 7.2.4　以串联部件使用可用度为效益指标的边际优化结果

序号	备件保障概率	使用可用度	备件采购费用/元	单元1的备件数量	单元2的备件数量	单元3的备件数量	单元4的备件数量	单元5的备件数量	单元6的备件数量
1	0.008	0.326	0	0	0	0	0	0	0
2	0.016	0.407	660	1	0	0	0	0	0
3	0.027	0.454	1080	1	0	0	0	1	0
4	0.048	0.560	3100	1	0	0	1	1	0
5	0.084	0.636	4300	1	1	0	1	1	0
6	0.344	0.766	6200	1	1	1	1	1	0
7	0.430	0.825	6860	2	1	1	1	1	0
8	0.465	0.839	7280	2	1	1	1	2	0
9	0.653	0.889	9320	2	1	1	1	2	1
10	0.762	0.939	11340	2	1	1	2	2	1
11	0.813	0.957	12000	3	1	1	2	2	1
12	0.871	0.972	13200	3	2	1	2	2	1
13	0.884	0.975	13860	4	2	1	2	2	1
14	0.917	0.986	15880	4	2	1	3	2	1
15	0.972	0.995	17780	4	2	2	3	2	1
16	0.979	0.996	18200	4	2	2	3	3	1
17	0.982	0.997	18860	5	2	2	3	3	1
18	0.989	0.998	20880	5	2	2	3	3	1
19	0.993	0.999	22080	5	3	2	4	3	1

图 7.2.2 给出了分别以部件的备件保障概率和使用可用度为效益指标时，边际优化后的一系列备件方案和遍历法产生的所有备件方案的对比情况。图 7.2.2 及大量验证结果表明，对于串联部件而言，边际优化的方案点处于所有遍历方案的外边界线上，这也意味着此时边际优化备件方案是最高效费比的方案，边际优化结果是全局最优解。

对每一个备件方案，都可以分别从备件保障概率和使用可用度的角度评估其保障效果。图 7.2.3 为分别以部件的备件保障概率和使用可用度为效益指标进行边际优化时，针对优化后一系列备件方案，从备件保障概率和使用可用度角度得出的效费曲线情况。

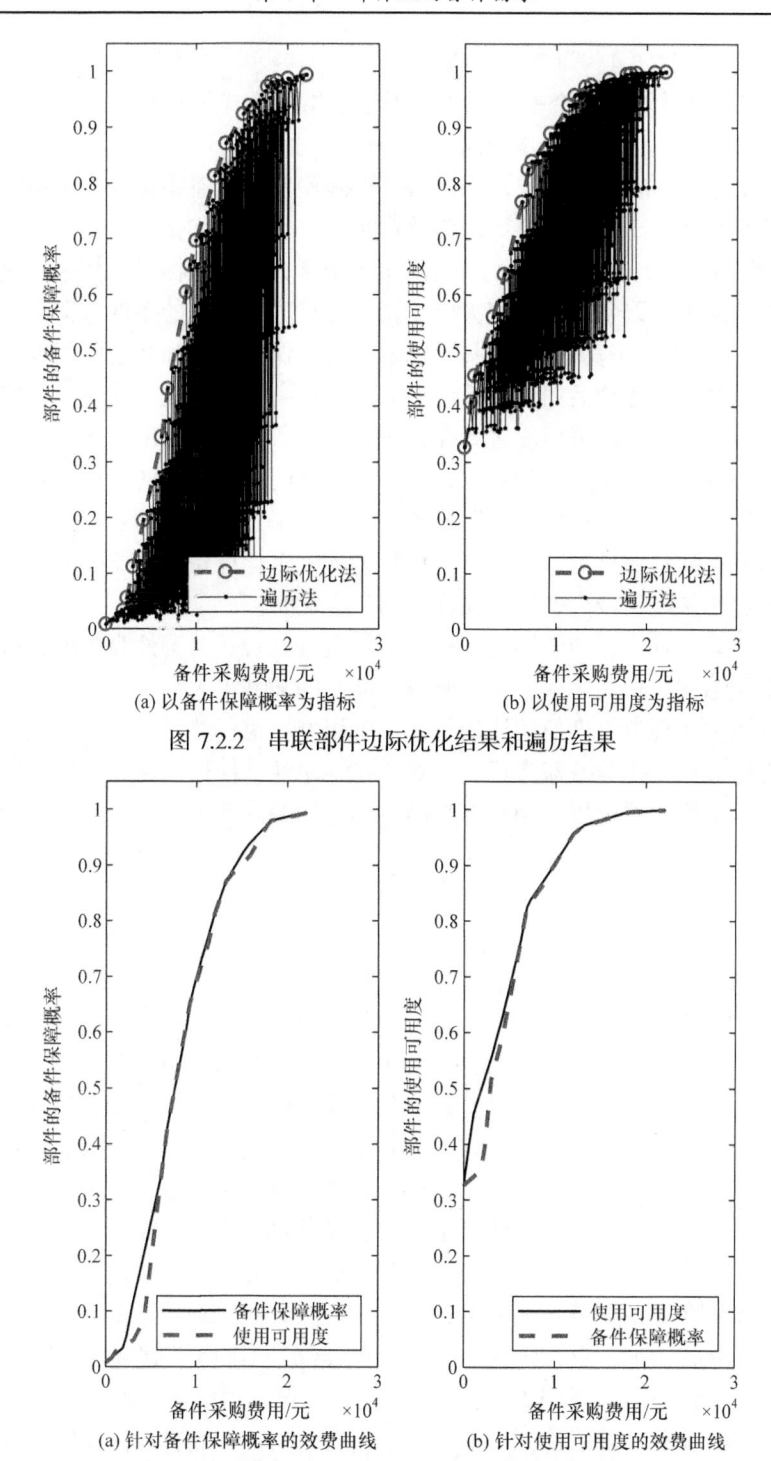

(a) 以备件保障概率为指标 (b) 以使用可用度为指标

图 7.2.2　串联部件边际优化结果和遍历结果

(a) 针对备件保障概率的效费曲线 (b) 针对使用可用度的效费曲线

图 7.2.3　不同效益指标的边际优化备件方案效费比

表 7.2.3、表 7.2.4、图 7.2.3 表明：

(1) 即便是针对同一个串联部件，当效益指标形式不同时，边际优化后所得到的系列备件方案也并不总是相同。

(2) 由图 7.2.3(a)可以看出，当以备件保障概率为效益指标时，其边际优化的备件方案效费比大于以使用可用度为效益指标进行边际优化的备件方案。

(3) 由图 7.2.3(b)可以看出，当以使用可用度为效益指标时，其边际优化的备件方案效费比大于以备件满足率为效益指标进行边际优化的备件方案。

图 7.2.3 及大量仿真结果表明,分别采用备件保障概率和使用可用度作为效益指标时，两种边际优化后的系列备件方案具有较高的重合度。前述章节曾经阐述过，任务成功率和使用可用度之间存在积分关系。对于串联部件而言，备件保障概率和任务成功率本质上有相同的物理含义，是同一个概念的两种不同说法。串联部件的使用可用度"积分内核"是备件保障概率，导致了上述现象。使用可用度的数值计算涉及积分运算，因此其计算量远大于计算备件保障概率。在某些情况下，可利用该现象减少备件方案优化的计算耗时。

例如，装备具有复杂的层级结构，如果以其是否是关键件为标准，可以把装备的多层级结构简化为串联结构。此时，涉及的关键单元数量有可能成百上千。那么，利用上述现象，即便关注的是使用可用度，也仍然可以在边际优化过程中采用备件保障概率作为效益指标，只对优化结果计算使用可用度，这可以大大减少计算量，最终仍然可以得到具有较高效费比的备件方案。

7.3 并联部件

并联部件中各单元的连接形式如图 7.3.1 所示。

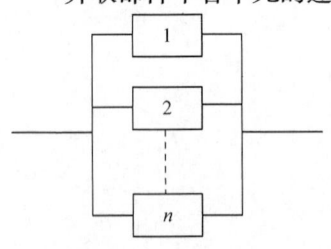

图 7.3.1 并联结构

在产品的可靠性设计中，并联结构中的单元通常是同一种单元。这样即便单个单元的可靠度不能满足产品的可靠性要求，也能借助并联这种可靠性连接形式从整体上提高可靠度，从而满足可靠性要求。此外，在产品设计中，也有用不同类型的单元来完成同一种功能的冗余设计情况。例如，可以用音频、视频、图表等多种形式表述同一信息，此时就需要用不同类型的硬件单元来分别表现相关的音频、视频、图表等信息。在本节中，若无事先声明，并联部件中的所有单元都是不同类型的单元。

若各单元的备件数量记为 s_i，各单元的备件保障概率记为 dyPs_i，约定发生故障后立刻换件维修，此时部件的保障概率 bjPs 为各单元备件保障概率的乘积。对于并联部件，只有当所有单元都故障且无备件可换时，并联部件才会停止工作，

第7章 部件级的备件需求

因此并联部件的备件保障概率和任务成功率不再相等。并联部件的备件保障概率 bjPs、任务成功率 bjPw 和使用可用度 bjPa 为

$$\text{bjPs}(t) = \prod_{i=1}^{k} \text{dyPs}_i$$

$$\text{bjPw}(t) = 1 - \prod_{i=1}^{k} (1 - \text{dyPs}_i) \tag{7.3.1}$$

$$\text{bjPa}(t) = \int_0^t \text{bjPw}(x) \mathrm{d}x$$

此时,并联部件的备件保障概率是描述备件供应是否充足的指标,不再是描述战备完好性的指标。任务成功率和使用可用度是能描述战备完好性的指标,因此本节用这两项指标进行备件方案优化。

那么,能用边际优化法优化并联部件的备件方案吗?

例 7.3.1 某并联部件由 4 个单元组成,各单元信息如表 7.3.1 所示,计划任务时间为 2000h,当单元发生故障时立刻开展换件维修,试计算:

(1) 以部件的任务成功率为效益指标,采用边际优化法计算任务成功率在 0~0.99 的各种备件方案,并用遍历法进行验证。

(2) 以部件的使用可用度为效益指标,采用边际优化法计算使用可用度在 0~0.99 的各种备件方案,并用遍历法进行验证。

表 7.3.1 并联部件各单元信息

序号	单元寿命分布类型	单价/元
1	指数分布 Exp(500)	206
2	伽马分布 Ga(1.3,400)	254
3	正态分布 $N(400,170^2)$	132
4	指数分布 Exp(650)	331

解 (1) 表 7.3.2 是以部件的任务成功率为效益指标,采用边际优化得到的一系列备件方案,表中列出了各备件方案该部件的任务成功率、使用可用度、备件采购费用和各单元的备件数量。

表 7.3.2 以并联部件任务成功率为效益指标的边际优化结果

备件方案序号	任务成功率	使用可用度	备件采购费用/元	单元1的备件数量	单元2的备件数量	单元3的备件数量	单元4的备件数量
1	0.076	0.496	0	0	0	0	0
2	0.213	0.653	331	0	0	0	1

续表

备件方案序号	任务成功率	使用可用度	备件采购费用/元	单元1的备件数量	单元2的备件数量	单元3的备件数量	单元4的备件数量
3	0.425	0.798	662	0	0	0	2
4	0.641	0.899	993	0	0	0	3
5	0.808	0.956	1324	0	0	0	4
6	0.911	0.983	1655	0	0	0	5
7	0.964	0.994	1986	0	0	0	6
8	0.987	0.998	2317	0	0	0	7
9	0.996	0.999	2648	0	0	0	8

以表 7.3.2 中各方案的费用为对象，在以遍历法计算的所有备件方案中寻找费用不超过各边际优化方案的费用且任务成功率最高的方案，相关结果如表 7.3.3 所示。

表 7.3.3　表 7.3.2 中各备件方案在遍历结果中的验证结果

备件方案序号	任务成功率	使用可用度	备件采购费用/元	单元1的备件数量	单元2的备件数量	单元3的备件数量	单元4的备件数量
1	0.076	0.496	0	0	0	0	0
2	0.213	0.653	331	0	0	0	1
3	0.844	0.983	660	0	0	5	0
4	0.994	1.000	924	0	0	7	0
5	0.995	1.000	1255	0	0	7	1
6	0.997	1.000	1542	3	0	7	0
7	0.999	1.000	1954	5	0	7	0
8	0.999	1.000	2160	6	0	7	0
9	1.000	1.000	2572	8	0	7	0

(2) 表 7.3.4 是以部件的使用可用度为效益指标，采用边际优化得到的一系列备件方案，表中列出了各备件方案该部件的任务成功率、使用可用度、备件采购费用和各单元的备件数量。

表 7.3.4　以并联部件使用可用度为效益指标的边际优化结果

备件方案序号	任务成功率	使用可用度	备件采购费用/元	单元1的备件数量	单元2的备件数量	单元3的备件数量	单元4的备件数量
1	0.076	0.496	0	0	0	0	0
2	0.145	0.605	206	1	0	0	0
3	0.283	0.729	412	2	0	0	0
4	0.467	0.836	618	3	0	0	0

续表

备件方案序号	任务成功率	使用可用度	备件采购费用/元	单元1的备件数量	单元2的备件数量	单元3的备件数量	单元4的备件数量
5	0.650	0.911	824	4	0	0	0
6	0.798	0.957	1030	5	0	0	0
7	0.896	0.981	1236	6	0	0	0
8	0.952	0.992	1442	7	0	0	0
9	0.980	0.997	1648	8	0	0	0
10	0.992	0.999	1854	9	0	0	0

以表 7.3.4 中各方案的费用为对象，在以遍历法计算的所有备件方案中寻找费用不超过各边际优化方案的费用且使用可用度最高的方案，相关结果如表 7.3.5 所示。

表 7.3.5 表 7.3.4 中各备件方案在遍历结果中的验证结果

备件方案序号	任务成功率	使用可用度	备件采购费用/元	单元1的备件数量	单元2的备件数量	单元3的备件数量	单元4的备件数量
1	0.076	0.496	0	0	0	0	0
2	0.145	0.605	206	1	0	0	0
3	0.186	0.820	396	0	0	3	0
4	0.538	0.933	528	0	0	4	0
5	0.965	0.997	792	0	0	6	0
6	0.994	1.000	924	0	0	7	0
7	0.995	1.000	1178	0	1	7	0
8	0.996	1.000	1432	0	2	7	0
9	0.997	1.000	1542	3	0	7	0
10	0.998	1.000	1748	4	0	7	0

图 7.3.2 展示了表 7.3.2～表 7.3.5 并联部件关于边际优化备件方案的验证情况。该算例表明：对于并联部件而言，边际优化法不再能保证得到效费比最高的备件方案。大量验证结果表明，边际优化法甚至连较高效费比的备件方案也不能保证得到。

因此，边际优化法不再是优化制定并联部件备件方案的常规方法，需使用遗传算法、遍历法等其他方法。当并联部件中的单元数量不多时，建议采用遍历的方式寻找高效费比的备件方案。

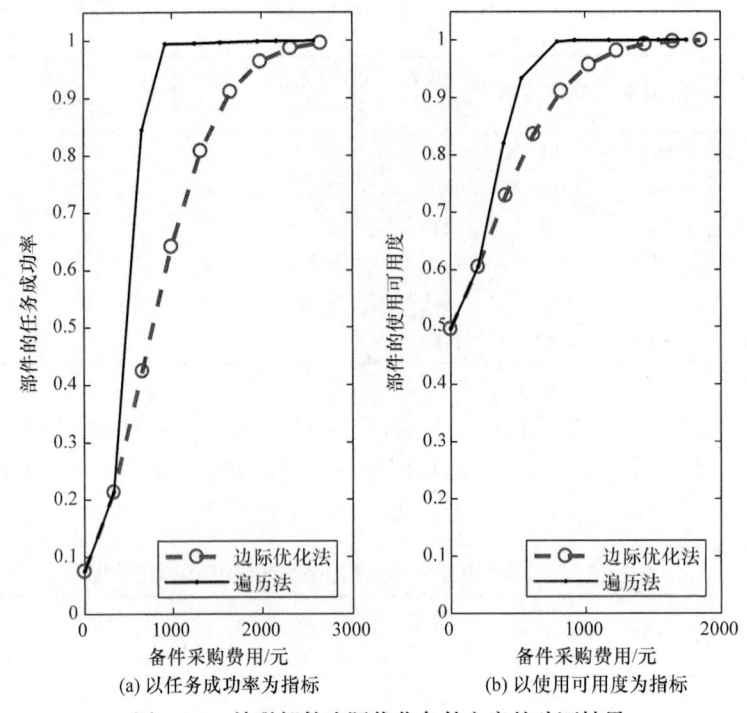

(a) 以任务成功率为指标　　　　(b) 以使用可用度为指标

图 7.3.2　并联部件边际优化备件方案的验证结果

7.4　混联部件

混联是由串联和并联混合而成的一种可靠性连接形式[2]，其中较常见的是如图 7.4.1 所示的串并联和并串联。相对应的部件称为串并联部件、并串联部件。

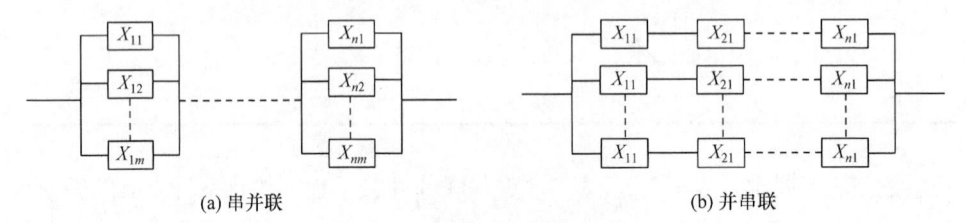

(a) 串并联　　　　(b) 并串联

图 7.4.1　两种常见的混联形式

和并联部件一样，当采用边际优化法优化混联部件的备件方案时，不能保证得到较高效费比的备件方案。图 7.4.2 是某混联部件的边际优化备件方案结果和遍历所有备件方案的对比情况。图中为了清楚地展示对比情况，仅标绘了遍历方案中的边界点方案(在所有备件采购费用不大于某值的方案中，寻找到效益指标最高的方案，即为边界点方案)。图 7.4.2 中大部分边际优化备件方案都不在遍历备件方案的边界线上,这意味着当备件采购费用相同时,边际优化备件方案的效益指标(图中是该混联部件的任务成功率)不是最大。

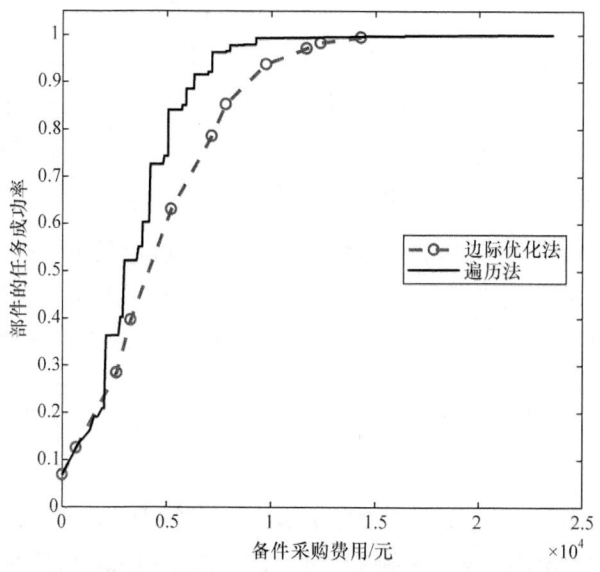

图 7.4.2 某混联部件的边际优化备件方案和遍历备件方案的效费曲线

当混联部件内的单元数量较多时,采用遍历法来寻找高效费比的备件方案将极为耗时,此时可采用遗传算法等优化方法来优化备件方案。

例 7.4.1 某混联部件由 6 个单元组成,各单元信息如表 7.4.1 所示,计划任务时间为 2000h,当单元发生故障时立刻开展换件维修,试计算:

表 7.4.1 混联部件各单元信息

序号	单元寿命分布类型	单价/元
1	指数分布 Exp(1000)	1194
2	伽马分布 Ga(2.1,600)	377
3	正态分布 $N(800,270^2)$	399
4	韦布尔分布 $W(1000,1.9)$	615
5	指数分布 Exp(650)	1781
6	伽马分布 Ga(2.1,600)	609

(1) 该混联部件为如图 7.4.3(a)所示的串并联部件,以部件的任务成功率为效益指标,采用边际优化法计算任务成功率在 0~0.99 的各种备件方案,并用遗传算法进行验证。

· 142 ·　　　　　　　　　　　　备件需求量计算方法

(2) 该混联部件为如图 7.4.3(b)所示的并串联部件,以部件的任务成功率为效益指标,采用边际优化法计算任务成功率在 0～0.99 的各种备件方案,并用遗传算法进行验证。

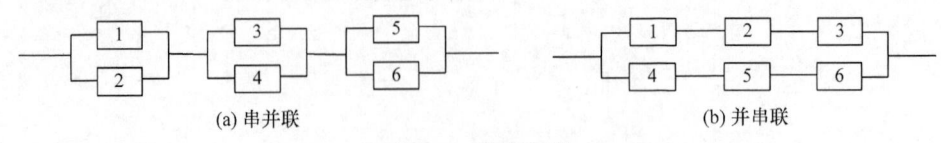

图 7.4.3　混联部件

(a) 串并联　　　(b) 并串联

解　以该部件的任务成功率为效益指标,采用边际优化得到一系列备件方案后,对每一个边际优化的备件方案,以"不低于该方案的任务成功率"作为保障要求,以"备件采购费用最少"为优化目标,应用遗传算法搜索高效费比的备件方案。

(1) 若各单元的任务成功率记为 p_i,$1 \leqslant i \leqslant 6$,则该串并联部件的任务成功率为

$$(1-(1-p_1)(1-p_2))(1-(1-p_3)(1-p_4))(1-(1-p_5)(1-p_6))$$

表 7.4.2 中列出了各备件方案该部件的任务成功率、备件采购费用和各单元的备件数量。在每一栏数据中,上面一行为边际优化结果,下面一行为对应的遗传算法结果。

表 7.4.2　串并联部件备件方案的边际优化法和遗传算法结果

序号	任务成功率	备件采购费用/元	单元1的备件数量	单元2的备件数量	单元3的备件数量	单元4的备件数量	单元5的备件数量	单元6的备件数量
1	0.003	0	0	0	0	0	0	0
	0.003	0	0	0	0	0	0	0
2	0.036	615	0	0	0	1	0	0
	0.036	615	0	0	0	1	0	0
3	0.084	992	0	1	0	1	0	0
	0.088	798	0	0	2	0	0	0
4	0.198	1607	0	1	0	2	0	0
	0.207	1175	0	1	2	0	0	0
5	0.370	2216	0	1	0	2	0	1
	0.386	1784	0	1	2	0	0	1
6	0.509	2593	0	2	0	2	0	1
	0.531	2161	0	2	2	0	0	1
7	0.655	3202	0	2	0	2	0	2
	0.684	2770	0	2	2	0	0	2

续表

序号	任务成功率	备件采购费用/元	单元1的备件数量	单元2的备件数量	单元3的备件数量	单元4的备件数量	单元5的备件数量	单元6的备件数量
8	0.816	3817	0	2	0	3	0	2
	0.835	3169	0	2	3	0	0	2
9	0.879	4194	0	3	0	3	0	2
	0.899	3546	0	3	3	0	0	2
10	0.941	4803	0	3	0	3	0	3
	0.962	4155	0	3	3	0	0	3
11	0.972	5418	0	3	0	4	0	3
	0.972	4532	0	4	3	0	0	3
12	0.982	5795	0	4	0	4	0	3
	0.984	4931	0	4	4	0	0	3
13	0.994	6404	0	4	0	4	0	4
	0.997	5540	0	4	4	0	0	4

(2) 若各单元的任务成功率记为 p_i，$1 \leqslant i \leqslant 6$，则该并串联部件的任务成功率为

$$1-(1-p_1p_2p_3)(1-p_4p_5p_6)$$

表 7.4.3 中列出了各备件方案该部件的任务成功率、备件采购费用和各单元的备件数量。在每一栏数据中，上面一行为边际优化结果，下面一行为对应的遗传算法结果。

表 7.4.3 并串联部件备件方案的边际优化法和遗传算法结果

序号	任务成功率	备件采购费用/元	单元1的备件数量	单元2的备件数量	单元3的备件数量	单元4的备件数量	单元5的备件数量	单元6的备件数量
1	0.068	0	0	0	0	0	0	0
	0.068	0	0	0	0	0	0	0
2	0.126	377	0	1	0	0	0	0
	0.126	377	0	1	0	0	0	0
3	0.209	986	0	1	0	0	0	1
	0.209	986	0	1	0	0	0	1
4	0.352	2180	1	1	0	0	0	1
	0.357	1790	0	1	2	1	0	0
5	0.454	2557	1	2	0	0	0	1
	0.649	2028	0	0	2	2	0	0
6	0.665	3751	2	2	0	0	0	1
	0.670	2405	0	1	2	2	0	0

续表

序号	任务成功率	备件采购费用/元	单元1的备件数量	单元2的备件数量	单元3的备件数量	单元4的备件数量	单元5的备件数量	单元6的备件数量
7	0.713	4128	2	3	0	0	0	1
	0.781	2427	0	0	3	2	0	0
8	0.866	5322	3	3	0	0	0	1
	0.956	3042	0	0	3	3	0	0
9	0.943	6516	4	3	0	0	0	1
	0.956	3042	0	0	3	3	0	0
10	0.954	6893	4	4	0	0	0	1
	0.956	3042	0	0	3	3	0	0
11	0.985	8087	5	4	0	0	0	1
	0.985	3657	0	0	3	4	0	0
12	0.995	9281	6	4	0	0	0	1
	0.997	4056	0	0	4	4	0	0

表7.4.2和表7.4.3表明：与边际优化的备件方案相比，遗传算法的备件方案能在不降低部件任务成功率的前提下，显著减少备件采购费用。该结果一方面说明边际优化法的确不适用于混联部件备件方案的优化，另一方面也展示了遗传算法较强的寻优能力。以下为本例题遗传算法适应度函数的部分核心代码。

```
x = mod(x,1);%对x进行解码,取其小数部分
s = round(Sx.*x);%由x得到各单元的备件数量s
pm = estiPlanH(tw,ab,s,m);%计算备件方案的效益指标和备件采购费用
if pm(1)>=P
    pre = pm(3);%适应度为备件采购费用
else
    pre = pm(3) + Mx/pm(1);%适应度中增加了"罚金"部分
end
```

在本章中约定：适应度小的个体更优秀。在遗传算法的适应度函数设计中，当种群中的个体违反约束条件时，常采用增加"罚金"的方式来描述违反约束条件的程度[3-7]。上述代码中，x是遗传算法种群中的个体编码，Sx是各单元备件数量的上限值，s是把x解码成各单元备件数量的数组，tw是任务时间，ab是各单元的寿命分布参数，m是各单元的单价，备件方案s的任务成功率、使用可用度和备件采购费用分别保存在数组pm中。当该方案的任务成功率不小于阈值P时，

适应度 pre 等于该方案的备件采购费用；当该方案的任务成功率小于阈值 P 时，适应度 pre 除包含该方案的备件采购费用外，还增加了"罚金"，"罚金"中的分子 Mx 是各单元备件数量取上限值时的备件采购费用，分母 pm(1)是任务成功率。这样设计"罚金"的好处是，当两个方案的任务成功率都小于阈值时，其中任务成功率更大的那一个方案其"罚金"数额相对更小，适应度可能会更小，从而鼓励遗传算法向任务成功率大的方向搜索。简而言之，该适应度函数综合了以下考虑：

(1) 当备件方案的任务成功率满足要求时，备件采购费用越少的方案，其对应的个体越优秀。

(2) 当备件方案的任务成功率不满足要求时，任务成功率越高的方案，其对应的个体相对越优良。

根据作者总结的遗传算法应用经验，如何设计遗传算法的适应度函数是一个见仁见智的问题，并没有所谓的标准答案、最优答案。本例题的适应度函数并没有复杂到超出常识的程度，对遗传算法有一定应用经验的读者都可能设计出来。遗传算法内在强大的寻优能力，降低了对外部条件(如使用人员的知识背景、难题类型等)设置的门槛。

7.5 多约束条件下的备件需求

本章前面介绍了满足"战备完好性指标(备件保障概率、任务成功率或使用可用度等)不低于阈值"约束条件下，以备件采购费用最少为优化目标的备件需求量计算方法，这属于单一约束条件下的备件需求问题。在实际的备件筹划工作中，往往还有其他约束条件需要考虑，特别是海军的舰艇、潜艇，在海上执行任务期间，其容纳备件的空间、载质量都较为有限。本节所说的多约束条件下备件需求是指在满足"战备完好性指标不低于阈值 P、备件存放总空间不大于阈值 V、备件总质量不大于阈值 W"三项约束条件下，以备件采购费用最少为优化目标，确定备件方案。

为便于论述，本节以任务成功率为效益指标，主要针对串联部件，以边际优化法和遗传算法为优化手段，介绍多约束条件下的备件需求量计算方法，主要解决以下问题：

(1) 如何在满足各约束条件的前提下，优化计算备件需求量。

(2) 当难以获得满足所有约束条件的备件方案时，分析原因，找出瓶颈约束条件。

具体落实备件保障工作的人员主要关心问题(1)；提出备件保障要求的人员更关注问题(2)，他们需要在工作中避免提出"不可能实现"的保障要求。

需要指出的是，多约束条件下的优化问题较为复杂，因此相比最优解，人们更关心满意解(也就是较优解)。相比"能否得到最优解"，可行、能优化是本节所述方法的主要优点。

7.5.1 边际搜索法

串联结构是一种重要的可靠性结构形式。尤其是针对实际结构极为复杂的装备或系统时，通过选取关键件，能快速而又不失重点地完成对装备/系统的可靠性建模。正因为串联结构可以普遍应用于从部件到装备乃至系统各个层级的产品，因此本章以串联部件为例展开论述。

对于串联部件，边际搜索法是多约束条件下优化制定备件方案的首选方法。边际搜索法本质上就是前面介绍的边际优化法，只不过通常在使用边际优化法时，只保留每次优化后的方案，优化过程中的所有候选方案则弃而不用。边际搜索法保留了这些候选方案，并在所有候选方案中选择满足多约束条件的费用最少的备件方案。

对于串联部件，边际优化法有两个显著的优点：一是每次优化时，候选方案的数量等于组成部件的单元数量，这基本上就是一个规模最小的搜索空间，相当于"日积跬步"；二是每次优化时以最高效费比作为优化方向，因此也能快速地"以至千里"。形象地说，在以备件采购费用为 X 轴，效益指标为 Y 轴的二维平面上，当把以遍历法得到的所有备件方案点连成一条效费曲线时，边际优化后的备件方案一定是这条曲线的外边界点。

如果把备件采购费用、备件体积和备件质量看成三种成本，那么边际优化的主要缺点是一次只能处理一种成本。虽然价格、体积和质量是备件不可分割的内在属性，在理论上也存在着把多种成本折算成一种综合成本的可能，但是没有一个全能函数，用于描述任何类型备件的价格、体积和质量之间的隐藏关系，因此目前没有一种能普遍适用的成本折算方法；或者说，设计一种好用的成本折算方法，对于并不熟悉各种优化方法的备件保障人员来说，技术门槛比较高。

边际优化法直接用于多约束条件下备件需求的另一个缺点是有可能漏掉可行解。边际优化法的本意是寻找最优解。可以设想一下这种场景：当前备件方案的备件总体积在阈值 V 以内，但任务成功率稍低于阈值 P，继续优化一次后，新备件方案的任务成功率不再低于阈值 P，但此时备件总体积却超出了阈值 V。那么，无论后面再如何优化，都不可能找到同时满足体积约束和任务成功率约束的备件方案了。但是，在当前备件方案基础上演化出来的所有候选备件方案中，有可能存在任务成功率不低于阈值 P、总体积仍低于阈值 V 的备件方案。只是，该方案并不是效费比最高的备件方案。因此，即便从边际优化的最终结果来看，并没有找到满足所有约束条件的备件方案。但这只是表明，在所有具有最高效费比的边际优化备件方案中没有满足所有约束条件的方案而已；在参与优化的候选备件方案中，仍然可能存在满足所有约束条件的、可行的、效费比较高的备件方案。简而言之，边际优化法的最优备件方案和满足所有约束条件的备件方案之间，存在着区别与联系，两者并不完全相同。

当选定某种成本后，边际搜索法流程如图 7.5.1 所示。

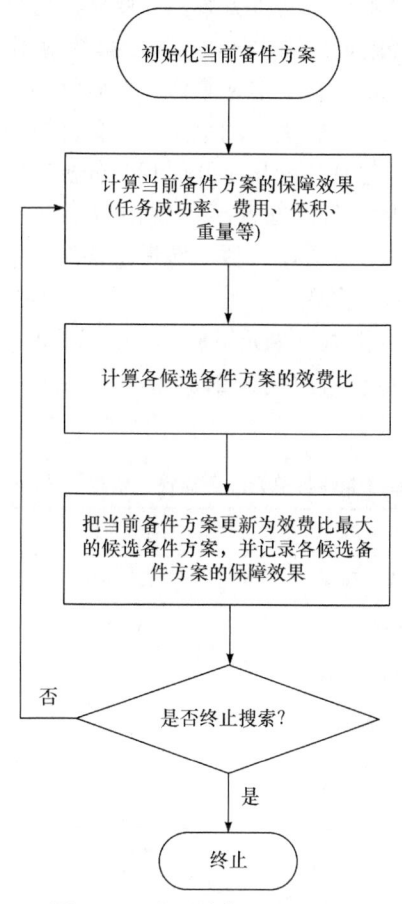

图 7.5.1 边际搜索法的流程图

应用边际搜索法解决多约束条件下的备件需求问题的大体过程如下：

(1) 分别以备件采购费用、备件总体积和备件总质量为成本，进行 3 次边际优化计算。

(2) 在每次边际优化过程中，保留所有候选备件方案的评估结果，包含任务成功率、备件采购费用、备件总体积、备件总质量和各单元的备件数量。

(3) 在完成 3 次边际优化计算后，从保存的所有候选备件方案中找出满足所有约束条件的备件方案。此时如果存在多个满足所有约束要求的方案,由于方案的数量已经大为减少,可采用人工判读的方式从中选择最为满意的备件方案。

边际搜索法以每次一种成本、多次边际优化的方式,来应对多种约束条件下的备件优化问题。

边际搜索法继承了边际优化法用"最高效费比"来选定优化路径的优点,同时保留参与优化计算的所有候选备件方案。这些候选备件方案立足于上一次的边际优化结果,是最优路径附近的周边产物,属于最优解附近的邻域解。如此一来,边际搜索法能像边际优化法一样既能在整体上有效缩小搜索空间,同时又在不增加单次搜索计算量的情况下,扩大多约束条件下备件方案的优化结果集合。

可以利用边际搜索结果从不同角度开展相关分析工作。可以利用承担制订备件方案的单位辅助制订/优化备件方案;可以利用负责规划备件方案的总体责任单位评价各装备、分系统的备件方案,科学地量化备件方案的保障要求,提出合理的约束条件阈值。下面举例说明。

例 7.5.1 某串联部件由以下单元组成,各单元的可靠性、价格、体积和质量信息如表 7.5.1 所示,计划任务时间为 2000h,当单元发生故障时立刻开展换件维修,试计算:

表 7.5.1 串联部件各单元的可靠性、价格、体积和质量信息

序号	单元寿命分布类型	单价/元	体积/m³	质量/kg
1	指数分布 Exp(1000)	2250	0.60	49
2	伽马分布 Ga(1.6,800)	3450	1.04	21
3	正态分布 $N(1200,360^2)$	2650	1.74	65
4	指数分布 Exp(1500)	1300	0.58	23
5	伽马分布 Ga(2.1,900)	1200	0.12	90
6	正态分布 $N(2000,500^2)$	1300	1.42	88
7	指数分布 Exp(2000)	1500	1.02	34
8	伽马分布 Ga(2.7,1000)	1400	1.36	49
9	正态分布 $N(2600,700^2)$	2850	1.60	68

(1) 采用边际搜索法,计算任务成功率为 0~0.99 的备件方案集合。

(2) 根据边际搜索结果,估算任务成功率分别为 0.80、0.85、0.90 和 0.95 时备件方案的备件采购费用、备件总体积和总质量的最小值。

解 (1) 按照前述介绍的边际搜索法,分别以备件采购费用、备件总体积和

总质量进行边际优化计算。由于篇幅有限，用表 7.5.2～表 7.5.4 展示成本分别为备件采购费用、备件总体积和总质量的边际优化结果。

表 7.5.2 以备件采购费用为成本的边际优化结果

序号	任务成功率	备件采购费用/元	备件总体积/m³	备件总质量/kg	单元1的备件数量	单元2的备件数量	单元3的备件数量	单元4的备件数量	单元5的备件数量	单元6的备件数量	单元7的备件数量	单元8的备件数量	单元9的备件数量
1	0.026	0	0.00	0	0	0	0	0	0	0	0	0	0
2	0.043	1300	0.58	23	0	0	0	1	0	0	0	0	0
3	0.086	3550	1.18	72	1	0	0	1	0	0	0	0	0
4	0.128	5050	2.20	106	1	0	0	1	0	0	1	0	0
5	0.174	6250	2.32	196	1	0	0	1	1	0	1	0	0
6	0.304	9700	3.36	217	1	1	0	1	1	0	1	0	0
7	0.427	12350	5.10	282	1	1	1	1	1	0	1	0	0
8	0.534	14600	5.70	331	2	1	1	1	1	0	1	0	0
9	0.605	15900	6.28	354	2	1	1	2	1	0	1	0	0
10	0.685	17300	7.64	403	2	1	1	2	1	0	1	1	0
11	0.742	18800	8.66	437	2	1	1	2	1	0	2	1	0
12	0.818	22250	9.70	458	2	2	1	2	1	0	2	1	0
13	0.873	24500	10.30	507	3	2	1	2	1	0	2	1	0
14	0.896	25800	10.88	530	3	2	1	3	1	0	2	1	0
15	0.917	27100	12.30	618	3	2	1	3	1	1	2	1	0
16	0.935	28300	12.42	708	3	2	1	3	2	1	2	1	0
17	0.947	29800	13.44	742	3	2	1	3	2	1	3	1	0
18	0.961	32050	14.04	791	4	2	1	3	2	1	3	1	0
19	0.972	34900	15.64	859	4	2	1	3	2	1	3	1	1
20	0.984	38350	16.68	880	4	3	1	3	2	1	3	1	1
21	0.988	39650	17.26	903	4	3	1	4	2	1	3	1	1
22	0.991	41900	17.86	952	5	3	1	4	2	1	3	1	1

表 7.5.2 中有 22 个边际优化方案，进行了 198 次搜索计算，得到 198 个方案，其对应的搜索空间共有 23040 个方案。

表 7.5.3 以备件总体积为成本的边际优化结果

序号	任务成功率	备件采购费用/元	备件总体积/m³	备件总质量/kg	单元1的备件数量	单元2的备件数量	单元3的备件数量	单元4的备件数量	单元5的备件数量	单元6的备件数量	单元7的备件数量	单元8的备件数量	单元9的备件数量
1	0.026	0	0.00	0	0	0	0	0	0	0	0	0	0
2	0.035	1200	0.12	90	0	0	0	0	1	0	0	0	0

续表

序号	任务成功率	备件采购费用/元	备件总体积/m³	备件总质量/kg	单元1的备件数量	单元2的备件数量	单元3的备件数量	单元4的备件数量	单元5的备件数量	单元6的备件数量	单元7的备件数量	单元8的备件数量	单元9的备件数量
3	0.070	3450	0.72	139	1	0	0	0	1	0	0	0	0
4	0.116	4750	1.30	162	1	0	0	1	1	0	0	0	0
5	0.203	8200	2.34	183	1	1	0	1	1	0	0	0	0
6	0.304	9700	3.36	217	1	1	0	1	1	0	1	0	0
7	0.381	11950	3.96	266	2	1	0	1	1	0	1	0	0
8	0.534	14600	5.70	331	2	1	1	1	1	0	1	0	0
9	0.605	15900	6.28	354	2	1	1	2	1	0	1	0	0
10	0.617	17100	6.40	444	2	1	1	2	2	0	1	0	0
11	0.658	19350	7.00	493	3	1	1	2	2	0	1	0	0
12	0.726	22800	8.04	514	3	2	1	2	2	0	1	0	0
13	0.822	24200	9.40	563	3	2	1	2	2	0	1	1	0
14	0.890	25700	10.42	597	3	2	1	2	2	0	2	1	0
15	0.913	27000	11.00	620	3	2	1	3	2	0	2	1	0
16	0.928	29250	11.60	669	4	2	1	3	2	0	2	1	0
17	0.949	30550	13.02	757	4	2	1	3	2	1	2	1	0
18	0.961	32050	14.04	791	4	2	1	3	2	1	3	1	0
19	0.973	35500	15.08	812	4	3	1	3	2	1	3	1	0
20	0.977	36800	15.66	835	4	3	1	4	2	1	3	1	0
21	0.988	39650	17.26	903	4	3	1	4	2	1	3	1	1
22	0.991	41900	17.86	952	5	3	1	4	2	1	3	1	1

表 7.5.4 以备件总质量为成本的边际优化结果

序号	任务成功率	备件采购费用/元	备件总体积/m³	备件总质量/kg	单元1的备件数量	单元2的备件数量	单元3的备件数量	单元4的备件数量	单元5的备件数量	单元6的备件数量	单元7的备件数量	单元8的备件数量	单元9的备件数量
1	0.026	0	0.00	0	0	0	0	0	0	0	0	0	0
2	0.045	3450	1.04	21	0	1	0	0	0	0	0	0	0
3	0.075	4750	1.62	44	0	1	0	1	0	0	0	0	0
4	0.150	7000	2.22	93	1	1	0	1	0	0	0	0	0
5	0.225	8500	3.24	127	1	1	0	1	0	0	1	0	0
6	0.315	11150	4.98	192	1	1	1	1	0	0	1	0	0
7	0.357	12450	5.56	215	1	1	1	2	0	0	1	0	0

续表

序号	任务成功率	备件采购费用/元	备件总体积/m³	备件总质量/kg	单元1的备件数量	单元2的备件数量	单元3的备件数量	单元4的备件数量	单元5的备件数量	单元6的备件数量	单元7的备件数量	单元8的备件数量	单元9的备件数量
8	0.446	14700	6.16	264	2	1	1	2	0	0	1	0	0
9	0.492	18150	7.20	285	2	2	1	2	0	0	1	0	0
10	0.667	19350	7.32	375	2	2	1	2	1	0	1	0	0
11	0.756	20750	8.68	424	2	2	1	2	1	0	1	1	0
12	0.818	22250	9.70	458	2	2	1	2	1	0	2	1	0
13	0.873	24500	10.30	507	3	2	1	2	1	0	2	1	0
14	0.896	25800	10.88	530	3	2	1	3	1	0	2	1	0
15	0.906	29250	11.92	551	3	3	1	3	1	0	2	1	0
16	0.918	30750	12.94	585	3	3	1	3	1	0	3	1	0
17	0.932	33000	13.54	634	4	3	1	3	1	0	3	1	0
18	0.954	34300	14.96	722	4	3	1	3	1	1	3	1	0
19	0.973	35500	15.08	812	4	3	1	3	2	1	3	1	0
20	0.977	36800	15.66	835	4	3	1	4	2	1	3	1	0
21	0.988	39650	17.26	903	4	3	1	4	2	1	3	1	1
22	0.991	41900	17.86	952	5	3	1	4	2	1	3	1	1

表 7.5.3、表 7.5.4 各自都有 22 个边际优化方案，且恰好它们最后一个备件方案相同，但它们的中间备件方案并不完全相同，这说明由于成本的形式不同，其备件方案的优化路径可能也不相同。

若不考虑其中重复的备件方案，则由边际搜索共可以得到 594 个备件方案。

(2) 在由边际搜索得到的所有备件方案中，找出当任务成功率分别不低于 0.80、0.85、0.90 和 0.95 时三种成本的最小值，见表 7.5.5。可以认为：在量化各种约束条件中的成本阈值时，不能低于表 7.5.5 中对应的最小值。例如，如果出现了"任务成功率不低于 0.95 时，备件总体积不大于 $12m^3$"的约束条件，那么因为不可能存在一个备件方案能满足这种约束条件，所以该约束条件是不合理的要求。只有当约束条件中的成本值与表 7.5.5 中对应的最小值之间的比值大于 1，该约束条件才可能是可达到的保障要求。

表 7.5.5 不同任务成功率时三种成本的最小值

序号	任务成功率	备件采购费用/元	备件总体积/m³	备件总质量/kg
1	0.80	22250	9.28	458
2	0.85	24500	10.30	507
3	0.90	27000	11.00	551
4	0.95	31100	13.60	722

把边际搜索结果中所有的备件方案按照任务成功率进行排序,并以备件方案的三种成本除以表 7.5.5 中对应的成本最小值的方式,计算备件方案的三种相对成本,则可以得到边际搜索备件方案的效费曲线。

图 7.5.2 展示的是任务成功率不低于 0.8 时,三种相对成本的效费曲线。

图 7.5.2 虽然详尽地描述了所有备件方案三种成本的变化趋势,但如果用来判断约束条件中的成本阈值是否合理,那么该图的可读性不算友好。图 7.5.3 是任务

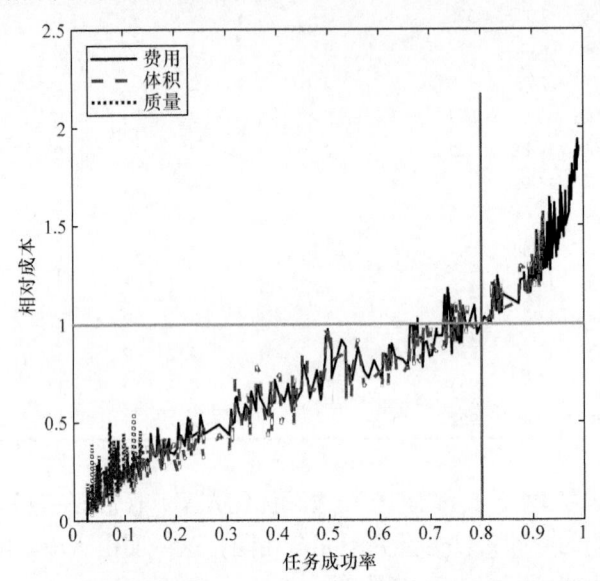

图 7.5.2　任务成功率不低于 0.8 时边际搜索备件方案三种成本的效费曲线

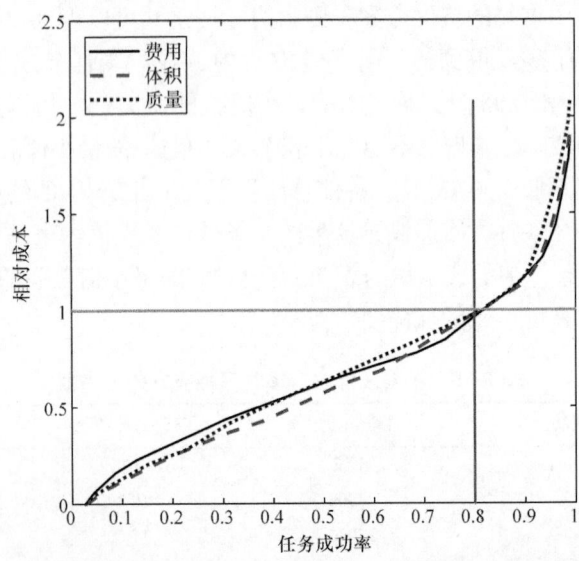

图 7.5.3　任务成功率不低于 0.8 时边际优化备件方案三种成本的效费曲线

成功率不低于 0.8 时边际优化备件方案三种成本的效费曲线。对比这两幅图，利用图 7.5.3 更容易判断约束条件阈值的合理性。图 7.5.4～图 7.5.6 分别为任务成功率不低于 0.85、0.9 和 0.95 时边际优化方案的效费曲线。

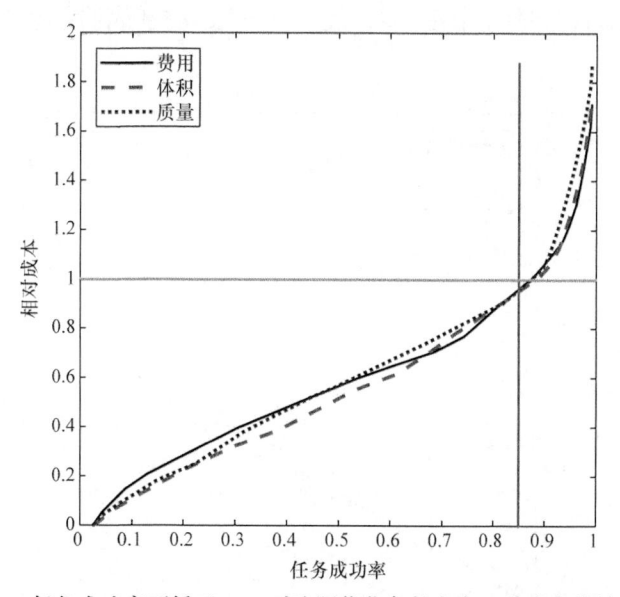

图 7.5.4　任务成功率不低于 0.85 时边际优化备件方案三种成本的效费曲线

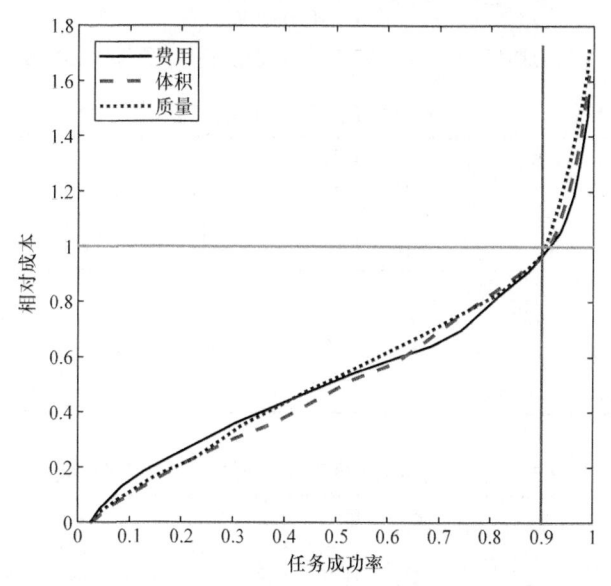

图 7.5.5　任务成功率不低于 0.9 时边际优化备件方案三种成本的效费曲线

需要注意的是：在很多情况下，并没有一个备件方案能同时实现在三种成本上的最小(虽然这种情况是众所期待的)。根据边际搜索结果，表 7.5.6～表 7.5.9 中第 1～4 号备件方案是当满足任务成功率不低于 0.8 时，对应着最低任务成功率、最少备件采购费用、最小备件总体积和最轻备件总质量这种"极限"备件方案情况。从各单元备件数量的角度来看，表 7.5.6～表 7.5.9 表明，这些备件方案是较为相似的。

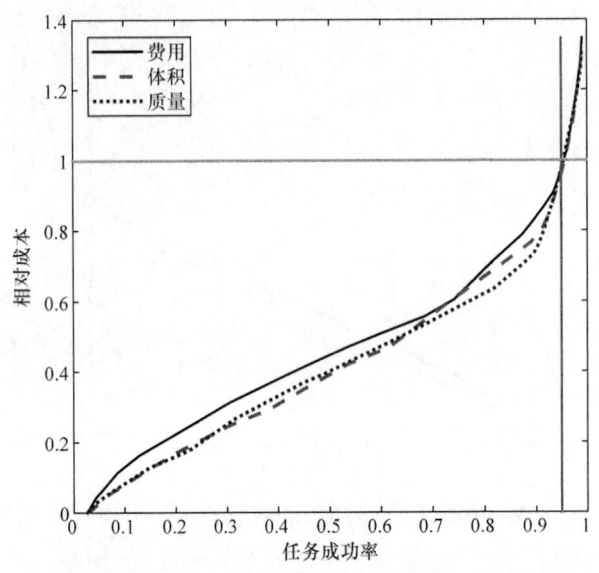

图 7.5.6　任务成功率不低于 0.95 时边际优化备件方案三种成本的效费曲线

表 7.5.6　任务成功率不低于 0.8 时的"极限"备件方案

序号	任务成功率	备件采购费用/元	备件总体积/m³	备件总质量/kg	单元1的备件数量	单元2的备件数量	单元3的备件数量	单元4的备件数量	单元5的备件数量	单元6的备件数量	单元7的备件数量	单元8的备件数量	单元9的备件数量
1	0.806	23000	9.28	473	3	2	1	2	1	0	1	1	0
2	0.818	22250	9.70	458	2	2	1	2	1	0	2	1	0
3	0.806	23000	9.28	473	3	2	1	2	1	0	1	1	0
4	0.818	22250	9.70	458	2	2	1	2	1	0	2	1	0

表 7.5.7　任务成功率不低于 0.85 时的"极限"备件方案

序号	任务成功率	备件采购费用/元	备件总体积/m³	备件总质量/kg	单元1的备件数量	单元2的备件数量	单元3的备件数量	单元4的备件数量	单元5的备件数量	单元6的备件数量	单元7的备件数量	单元8的备件数量	单元9的备件数量
1	0.873	24500	10.30	507	3	2	1	2	1	0	2	1	0
2	0.873	24500	10.30	507	3	2	1	2	1	0	2	1	0

续表

序号	任务成功率	备件采购费用/元	备件总体积/m³	备件总质量/kg	单元1的备件数量	单元2的备件数量	单元3的备件数量	单元4的备件数量	单元5的备件数量	单元6的备件数量	单元7的备件数量	单元8的备件数量	单元9的备件数量
3	0.873	24500	10.30	507	3	2	1	2	1	0	2	1	0
4	0.873	24500	10.30	507	3	2	1	2	1	0	2	1	0

表 7.5.8　任务成功率不低于 0.9 时的"极限"备件方案

序号	任务成功率	备件采购费用/元	备件总体积/m³	备件总质量/kg	单元1的备件数量	单元2的备件数量	单元3的备件数量	单元4的备件数量	单元5的备件数量	单元6的备件数量	单元7的备件数量	单元8的备件数量	单元9的备件数量
1	0.900	28550	12.02	665	3	2	1	2	2	0	2	1	1
2	0.911	27000	11.84	685	3	2	1	2	2	1	2	1	0
3	0.913	27000	11.00	620	3	2	1	3	2	0	2	1	0
4	0.906	29250	11.92	551	3	3	1	3	1	0	2	1	0

表 7.5.9　任务成功率不低于 0.95 时的"极限"备件方案

序号	任务成功率	备件采购费用/元	备件总体积/m³	备件总质量/kg	单元1的备件数量	单元2的备件数量	单元3的备件数量	单元4的备件数量	单元5的备件数量	单元6的备件数量	单元7的备件数量	单元8的备件数量	单元9的备件数量
1	0.950	34200	13.66	724	4	3	1	3	2	0	3	1	0
2	0.951	31100	14.02	765	3	2	1	4	2	1	3	1	0
3	0.953	31850	13.60	780	4	2	1	4	2	1	2	1	0
4	0.954	34300	14.96	722	4	3	1	3	2	1	3	1	0

利用上述效费曲线可以指导确定各约束条件的阈值：以相对成本值等于 1 为临界值，相对成本值越大则对应的约束条件越容易满足，相对成本值越小则对应的约束条件越难以满足乃至不可能满足。由于备件数量是整数而非实数，这导致备件方案的成本是关于备件数量的非连续函数，再加上各种成本之间复杂的隐藏关系，有可能出现约束条件的相对成本虽然大于 1，但由于部分相对成本值比较接近 1，不能找到满足所有约束条件的备件方案的情况。

本书应用边际搜索法，开展了大量关于优化制订多约束条件下备件方案的仿真实验。最后发现：在所有不能利用边际搜索法得到满足所有约束条件备件方案的实例中，无一例外都出现了"某个或多个约束条件中的成本阈值较为接近最小值(由边际优化法计算出)"这一现象。即便如此，仍然可以从边际搜索备件方案结果中找到"违约"程度较轻的备件方案。因此,应用边际搜索法即便不能得到满足所有约束条件备件方案的满意解,也能退而求其次,接受现实,得到较为接近所有约束条件的备件方案。

7.5.2 遗传算法

正如 7.3 节和 7.4 节所述,对于并联或混联等非串联部件,边际优化法不能得到高效费比的备件方案。同理,边际搜索法也就不能高效地优化多约束条件下的备件方案。此时,可应用遗传算法优化制订多约束条件的备件方案。下面以混联部件为例展开论述。

参与多约束条件下备件需求工作的有两类人员:一类是承担制订备件方案的人员,关注于如何在多约束条件下优化制订备件方案;另一类是负责对装备乃至系统进行总体规划备件方案的人员,关注于如何科学地量化备件方案的保障要求,合理地提出约束条件阈值,准确地评估相应的备件方案保障效果。对于前者,通过把多约束条件反映到遗传算法的适应度函数中,就能利用其强大的优化能力,给出满足要求的、优化的备件方案;对于后者,与边际搜索法的思路相同,针对每种成本,设计仅反映该成本的适应度函数,即以"不小于任务成功率阈值条件下该成本最小"为优化目标,通过在任务成功率的 0~1 等间距选取阈值,多次运行遗传算法,最终得到一条反映该成本的效费曲线。在绘制出所有成本的效费曲线后,就可以基本了解各约束条件阈值的取值范围,为科学量化约束条件阈值提供决策支持。

例 7.5.2 某混联部件由以下单元组成,各单元的可靠性、价格、体积和质量信息如表 7.5.10 所示,计划任务时间为 3000h,当单元发生故障时立刻开展换件维修,试以遗传算法为优化工具计算:

表 7.5.10 混联部件各单元的可靠性、价格、体积和质量信息

序号	单元寿命分布类型	单价/元	体积/m^3	质量/kg
1	指数分布 Exp(1000)	1350	0.66	51
2	伽马分布 Ga(1.6,800)	250	2.04	65
3	正态分布 $N(1200,360^2)$	3700	1.78	95
4	指数分布 Exp(1500)	3000	1.98	63
5	伽马分布 Ga(2.1,900)	2250	0.92	59
6	正态分布 $N(2000,500^2)$	2700	0.24	35
7	指数分布 Exp(2000)	3850	1.12	44
8	伽马分布 Ga(2.7,1000)	1000	1.28	22
9	正态分布 $N(2600,700^2)$	2950	0.34	79

(1) 若该混联部件为串并联结构，可靠性框图见图 7.5.7(a)，分别以备件采购费用、备件总体积和备件总质量为成本，在任务成功率的 0~0.99 内，以"不低于任务成功率阈值且某成本最少"为优化目标，计算备件方案集合并绘制对应成本的效费曲线。

(2) 若该混联部件为并串联结构，可靠性框图见图 7.5.7(b)，分别以备件采购费用、备件总体积和备件总质量为成本，在任务成功率的 0~0.99 内，以"不低于任务成功率阈值且某成本最少"为优化目标，计算备件方案集合并绘制对应成本的效费曲线。

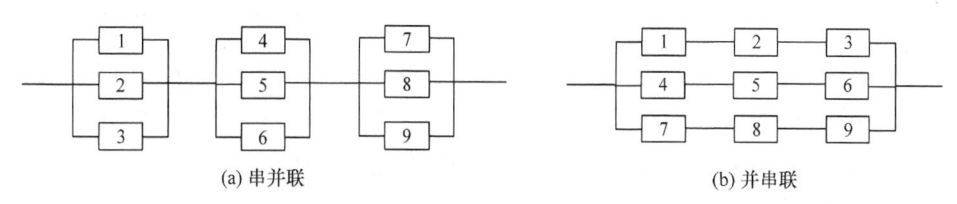

(a) 串并联 (b) 并串联

图 7.5.7 混联部件的可靠性框图

解 (1) 应用遗传算法的关键和主要工作在于设计适应度函数。适应度函数的形式并没有所谓的标准答案，即便适应度函数形式不同，只要该函数的物理含义没有逻辑错误，也能"条条大路到北京"，达到优化搜索的目的。以下为本书的适应度函数部分核心代码：

```
x = mod(x,1);
s = round(Smax*x);%解码 x 成对应的备件方案
pmvw = estiPlan(tw,ab,s,mvw,ID);%计算该备件方案的效果
if pmvw(1)>=P  %判断是否满足"任务成功率不低于阈值"
    pre = pmvw(2);% 满足 P 约束，则以该方案的费用作为适应度值
else
    pre = pmvw(2)+Mx/pmvw(1);%不满足 P 约束，则增加"罚金"
end
```

代码中的 x 是遗传算法中的个体编码，首先采用实数编码的形式，在对其取余数，乘以最大备件数量并取整后，把编码 x 换算成各单元的备件数量，将其记录到数组 s 中。然后，计算该备件方案的任务成功率、备件采购费用、备件总体积和备件总质量，把结果记录到数组 pmvw 中。当该方案的任务成功率 pmvw(1) 不低于阈值 P 时，以该方案的备件采购费用作为该个体的适应度值，否则会增加一部分"罚金"。代码中的分子 Mx 是各单元取最大备件数量时的备件采购费用。

为了鼓励向任务成功率增大的方向进化，罚金的分母取为该方案的任务成功率。若把代码中的费用变量替换成备件总体积或备件总质量，则该代码就能实现"不低于任务成功率阈值且某成本最少"的优化目的。

表 7.5.11～表 7.5.13 分别是串并联部件针对三种成本的遗传算法结果。

表 7.5.11 串并联部件以备件采购费用为成本的遗传算法结果

序号	任务成功率	备件采购费用/元	备件总体积/m³	备件总质量/kg	单元1的备件数量	单元2的备件数量	单元3的备件数量	单元4的备件数量	单元5的备件数量	单元6的备件数量	单元7的备件数量	单元8的备件数量	单元9的备件数量
1	0.127	500	4.08	130	0	2	0	0	0	0	0	0	0
2	0.167	750	6.12	195	0	3	0	0	0	0	0	0	0
3	0.185	1000	8.16	260	0	4	0	0	0	0	0	0	0
4	0.242	1750	7.40	217	0	3	0	0	0	0	0	1	0
5	0.267	2000	9.44	282	0	4	0	0	0	0	0	1	0
6	0.284	2750	5.00	189	0	2	0	0	1	0	0	0	0
7	0.398	3200	4.32	165	0	2	0	0	0	1	0	0	0
8	0.416	3250	9.08	319	0	4	0	0	1	0	0	0	0
9	0.526	3450	6.36	230	0	3	0	0	0	1	0	0	0
10	0.582	3700	8.40	295	0	4	0	0	0	1	0	0	0
11	0.600	4250	10.36	341	0	4	0	0	1	0	0	1	0
12	0.760	4450	7.64	252	0	3	0	0	0	0	1	0	1
13	0.841	4700	9.68	317	0	4	0	0	0	0	0	0	1
14	0.905	5700	10.96	339	0	4	0	0	0	0	0	2	0
15	0.931	5950	13.00	404	0	5	0	0	0	1	0	2	0
16	0.941	8150	14.10	526	0	6	0	0	0	1	0	1	1
17	0.961	8200	13.92	463	0	5	0	0	0	1	1	2	0
18	0.986	8650	13.24	439	0	5	0	0	0	2	0	2	0

表 7.5.12 串并联部件以备件总体积为成本的遗传算法结果

序号	任务成功率	备件采购费用/元	备件总体积/m³	备件总质量/kg	单元1的备件数量	单元2的备件数量	单元3的备件数量	单元4的备件数量	单元5的备件数量	单元6的备件数量	单元7的备件数量	单元8的备件数量	单元9的备件数量
1	0.106	5650	0.58	114	0	0	0	0	0	0	0	0	1
2	0.152	4050	0.90	86	1	0	0	0	0	1	0	0	0
3	0.162	6750	1.14	121	1	0	0	0	0	2	0	0	0

续表

序号	任务成功率	备件采购费用/元	备件总体积/m³	备件总质量/kg	单元1的备件数量	单元2的备件数量	单元3的备件数量	单元4的备件数量	单元5的备件数量	单元6的备件数量	单元7的备件数量	单元8的备件数量	单元9的备件数量
4	0.237	7000	1.24	165	1	0	0	0	0	1	0	0	1
5	0.251	9700	1.48	200	1	0	0	0	0	2	0	0	1
6	0.279	5400	1.56	137	2	0	0	0	0	1	0	0	0
7	0.433	8350	1.90	216	2	0	0	0	0	1	0	0	1
8	0.459	11050	2.14	251	2	0	0	0	0	2	0	0	1
9	0.629	9700	2.56	267	3	0	0	0	0	1	0	0	1
10	0.666	12400	2.80	302	3	0	0	0	0	2	0	0	1
11	0.776	11050	3.22	318	4	0	0	0	0	1	0	0	1
12	0.822	13750	3.46	353	4	0	0	0	0	2	0	0	1
13	0.864	12400	3.88	369	5	0	0	0	0	1	0	0	1
14	0.915	15100	4.12	404	5	0	0	0	0	2	0	0	1
15	0.921	18050	4.46	483	5	0	0	0	0	2	0	0	2
16	0.962	16450	4.78	455	6	0	0	0	0	2	0	0	1
17	0.982	17800	5.44	506	7	0	0	0	0	2	0	0	1

表 7.5.13　串并联部件以备件总质量为成本的遗传算法结果

序号	任务成功率	备件采购费用/元	备件总体积/m³	备件总质量/kg	单元1的备件数量	单元2的备件数量	单元3的备件数量	单元4的备件数量	单元5的备件数量	单元6的备件数量	单元7的备件数量	单元8的备件数量	单元9的备件数量
1	0.152	4050	0.90	86	1	0	0	0	0	1	0	0	0
2	0.212	2950	2.28	100	0	1	0	0	0	1	0	0	0
3	0.220	5050	2.18	108	1	0	0	0	0	1	0	1	0
4	0.306	3950	3.56	122	0	1	0	0	0	1	0	1	0
5	0.402	6400	2.84	159	2	0	0	0	0	1	0	1	0
6	0.575	4200	5.60	187	0	2	0	0	0	1	0	1	0
7	0.609	6900	5.84	222	0	2	0	0	0	2	0	1	0
8	0.629	8750	4.78	232	3	0	0	0	0	1	0	2	0
9	0.742	11100	5.08	247	0	0	2	0	0	1	0	1	0
10	0.760	4450	7.64	252	0	3	0	0	0	1	0	1	0
11	0.798	12100	6.36	269	0	0	2	0	0	1	0	2	0

续表

序号	任务成功率	备件采购费用/元	备件总体积/m³	备件总质量/kg	单元1的备件数量	单元2的备件数量	单元3的备件数量	单元4的备件数量	单元5的备件数量	单元6的备件数量	单元7的备件数量	单元8的备件数量	单元9的备件数量
12	0.818	5450	8.92	274	0	3	0	0	0	1	0	2	0
13	0.846	14800	6.60	304	0	0	2	0	0	2	0	2	0
14	0.869	16150	7.26	355	1	0	2	0	0	2	0	2	0
15	0.958	8400	11.20	374	0	4	0	0	0	2	0	2	0
16	0.964	9400	12.48	396	0	4	0	0	0	2	0	3	0
17	0.988	18500	8.38	399	0	0	3	0	0	2	0	2	0

通过设定遗传算法的种群个体数量和进化代数参数，采用上述遗传算法每完成一次优化相当于对5万个备件方案的保障效果进行了计算。为了对遗传算法的优化能力有更直观的认识，分别采用随机产生20万个备件方案和遍历产生所有方案(设定各单元的备件数量上限值，共约有484万个备件方案)这两种方式，对随机备件方案集合和遍历备件方案集合进行处理，计算相对成本，得到各自的效费曲线。图7.5.8~图7.5.10是采用随机法和遗传算法关于三种相对成本的效费曲线对比情况，图7.5.11~图7.5.13是采用遍历法和遗传算法关于三种相对成本的效费曲线对比情况。

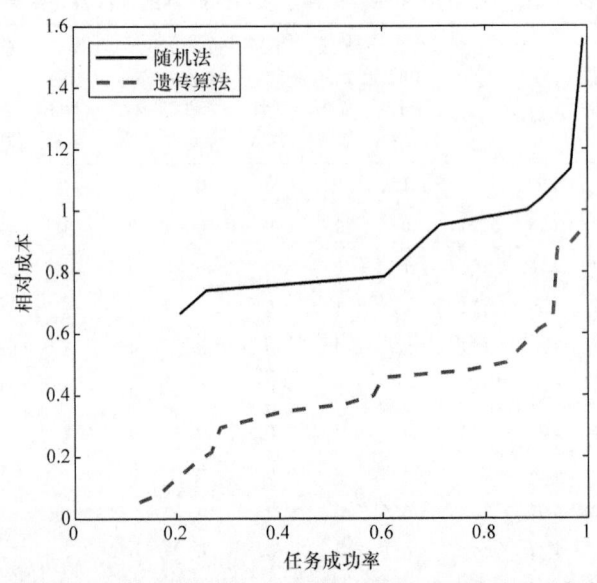

图7.5.8 采用随机法和遗传算法以备件采购费用为成本的串并联部件效费曲线

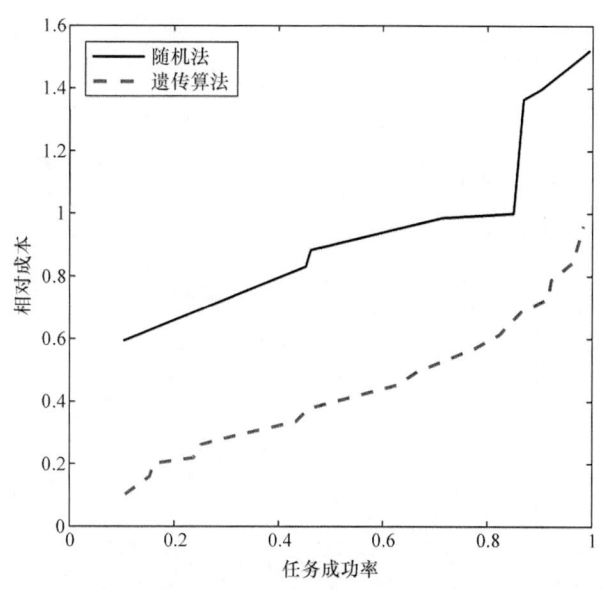

图 7.5.9 采用随机法和遗传算法以备件总体积为成本的串并联部件效费曲线

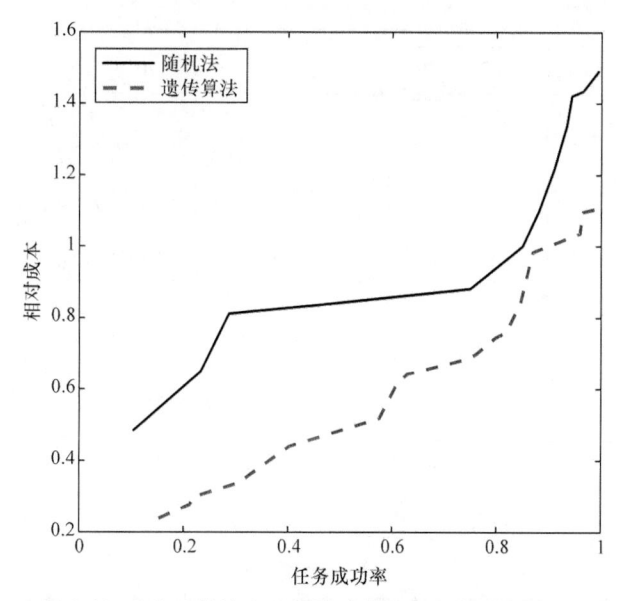

图 7.5.10 采用随机法和遗传算法以备件总质量为成本的串并联部件效费曲线

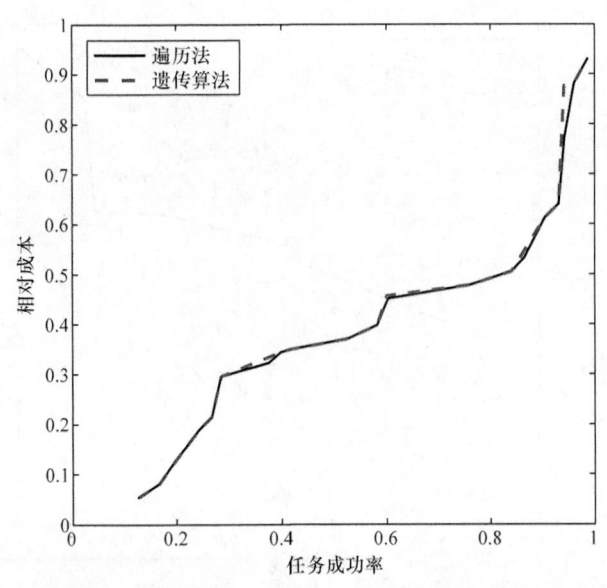

图 7.5.11 采用遍历法和遗传算法以备件采购费用为成本的串并联部件效费曲线

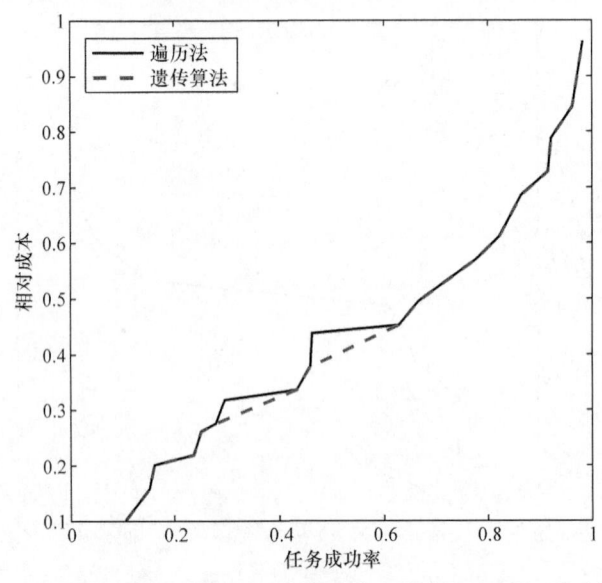

图 7.5.12 采用遍历法和遗传算法以备件总体积为成本的串并联部件效费曲线

(2) 当该混联部件为并串联结构时,适应度函数核心代码与串并联部件的代码相同,区别只在于计算备件方案任务成功率的解析式不同,可参考 7.4 节相关内容。表 7.5.14～表 7.5.16 分别为并串联部件采用遗传算法针对三种成本的计算结果。图 7.5.14～图 7.5.19 分别为采用随机法、遍历法与遗传算法关于三种相对成本的效费曲线对比情况。

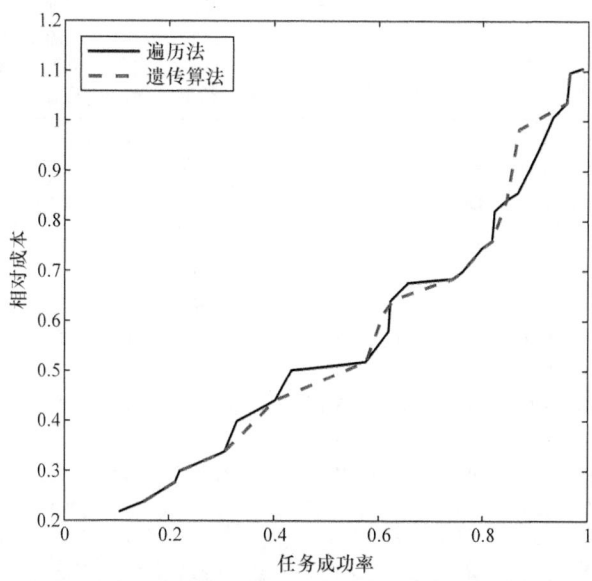

图 7.5.13 采用遍历法和遗传算法以备件总质量为成本的串并联部件效费曲线

表 7.5.14 并串联部件以备件采购费用为成本的遗传算法结果

序号	任务成功率	备件采购费用/元	备件总体积/m³	备件总质量/kg	单元1的备件数量	单元2的备件数量	单元3的备件数量	单元4的备件数量	单元5的备件数量	单元6的备件数量	单元7的备件数量	单元8的备件数量	单元9的备件数量
1	0.137	950	3.34	136	0	0	0	0	0	0	1	1	0
2	0.199	1300	4.98	205	0	0	0	0	0	0	2	1	0
3	0.229	1650	6.62	274	0	0	0	0	0	0	3	1	0
4	0.263	2250	8.32	341	0	0	0	0	0	0	3	2	0
5	0.289	3300	7.8	386	0	0	0	0	2	1	2	1	0
6	0.316	3650	9.44	455	0	0	0	0	2	1	3	1	0
7	0.324	3900	10.42	531	0	0	0	0	3	1	3	1	0
8	0.346	4250	11.14	522	0	0	0	0	0	2	3	2	0
9	0.475	5150	3.82	153	0	0	0	0	0	0	1	1	1
10	0.689	5500	5.46	222	0	0	0	0	0	0	2	1	1
11	0.796	5850	7.1	291	0	0	0	0	0	0	3	1	1
12	0.836	6200	8.74	360	0	0	0	0	0	0	4	1	1
13	0.912	6450	8.8	358	0	0	0	0	0	0	3	2	1
14	0.958	6800	10.44	427	0	0	0	0	0	0	4	2	1
15	0.972	7150	12.08	496	0	0	0	0	0	0	5	2	1
16	0.982	7750	13.78	563	0	0	0	0	0	0	5	3	1

表 7.5.15 并串联部件以备件总体积为成本的遗传算法结果

序号	任务成功率	备件采购费用/元	备件总体积/m³	备件总质量/kg	单元1的备件数量	单元2的备件数量	单元3的备件数量	单元4的备件数量	单元5的备件数量	单元6的备件数量	单元7的备件数量	单元8的备件数量	单元9的备件数量
1	0.127	8800	1.18	173	0	0	0	2	0	1	0	0	0
2	0.155	12450	1.34	245	0	0	0	3	0	1	0	0	0
3	0.247	5400	2	177	0	0	0	1	1	1	0	0	0
4	0.397	9050	2.16	249	0	0	0	2	1	1	0	0	0
5	0.496	12700	2.32	321	0	0	0	3	1	1	0	0	0
6	0.546	16350	2.48	393	0	0	0	4	1	1	0	0	0
7	0.566	20000	2.64	465	0	0	0	5	1	1	0	0	0
8	0.591	24200	3.12	482	0	0	0	5	1	1	0	0	1
9	0.720	12950	3.3	397	0	0	0	3	2	1	0	0	0
10	0.794	16600	3.46	469	0	0	0	4	2	1	0	0	0
11	0.823	20250	3.62	541	0	0	0	5	2	1	0	0	0
12	0.843	28100	4.26	630	0	0	0	6	2	1	0	0	1
13	0.891	21750	4.48	570	0	0	0	5	2	2	0	0	0
14	0.902	25400	4.64	642	0	0	0	6	2	2	0	0	0
15	0.970	22000	5.46	646	0	0	0	5	3	2	0	0	0
16	0.982	25650	5.62	718	0	0	0	6	3	2	0	0	0

表 7.5.16 并串联部件以备件总质量为成本的遗传算法结果

序号	任务成功率	备件采购费用/元	备件总体积/m³	备件总质量/kg	单元1的备件数量	单元2的备件数量	单元3的备件数量	单元4的备件数量	单元5的备件数量	单元6的备件数量	单元7的备件数量	单元8的备件数量	单元9的备件数量
1	0.191	4800	2.18	84	0	0	0	0	0	0	0	1	1
2	0.207	6300	3.04	113	0	0	0	0	0	1	0	1	1
3	0.475	5150	3.82	153	0	0	0	0	0	0	1	1	1
4	0.486	6650	4.68	182	0	0	0	0	0	1	1	1	1
5	0.545	5750	5.52	220	0	0	0	0	0	0	1	2	1
6	0.689	5500	5.46	222	0	0	0	0	0	0	2	1	1
7	0.790	6100	7.16	289	0	0	0	0	0	0	2	2	1
8	0.800	10300	7.64	306	0	0	0	0	0	0	2	2	2
9	0.912	6450	8.8	358	0	0	0	0	0	0	3	2	1
10	0.924	10650	9.28	375	0	0	0	0	0	0	3	2	2
11	0.958	6800	10.44	427	0	0	0	0	0	0	4	2	1
12	0.971	11000	10.92	444	0	0	0	0	0	0	4	2	2
13	0.981	11600	12.62	511	0	0	0	0	0	0	4	3	2

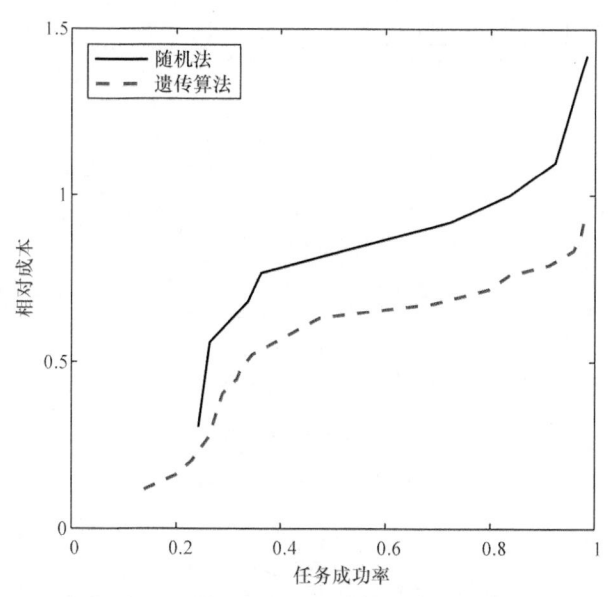

图 7.5.14 采用随机法和遗传算法以备件采购费用为成本的并串联部件效费曲线

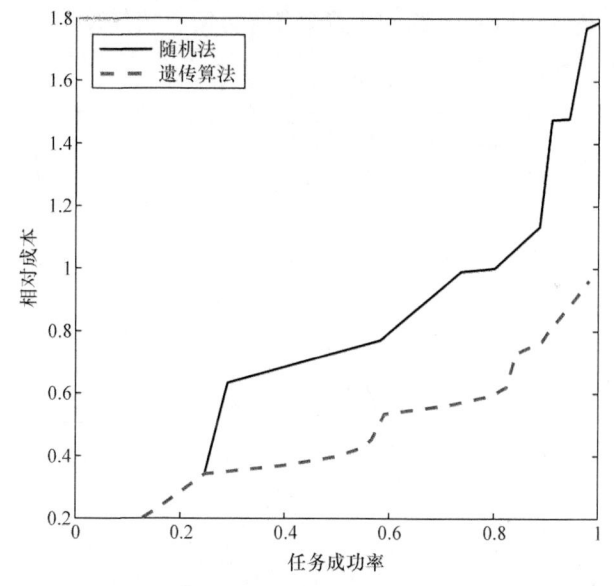

图 7.5.15 采用随机法和遗传算法以备件总体积为成本的并串联部件效费曲线

由图 7.5.14～图 7.5.19 可以看出，遗传算法的效费曲线和遍历法的效费曲线具有较高的吻合度。遗传算法具有全局寻优能力再次得到验证。随机法的效费曲线都在遗传算法的效费曲线的上部，这说明达到相同任务成功率时，随机法备件方案的成本更高。考虑到遗传算法只计算了 5 万个备件方案，随机法计算了 20

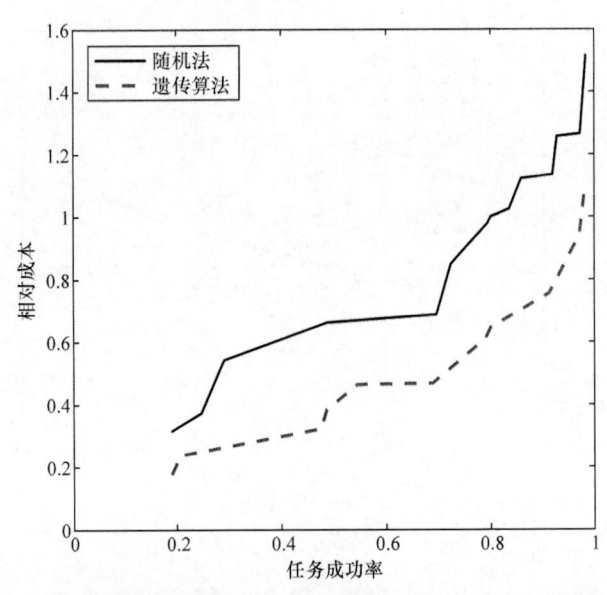

图 7.5.16 采用随机法和遗传算法以备件总质量为成本的并串联部件效费曲线

万个备件方案，遍历法计算了约 484 万个备件方案，遗传算法极为高效的优化能力可见一斑。

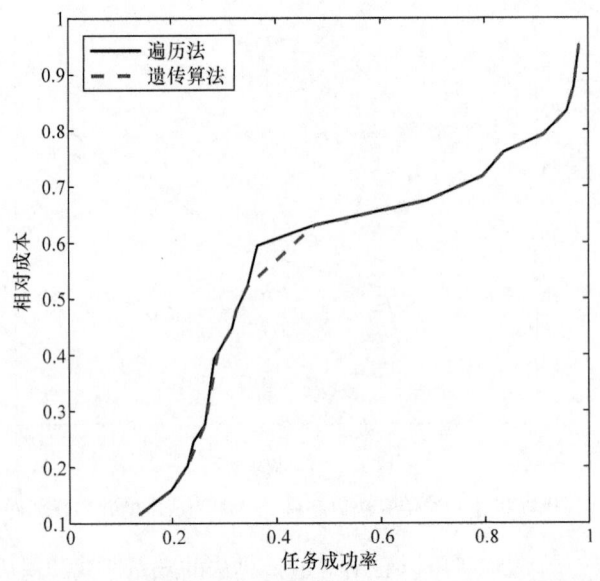

图 7.5.17 采用遍历法和遗传算法以备件采购费用为成本的并串联部件效费曲线

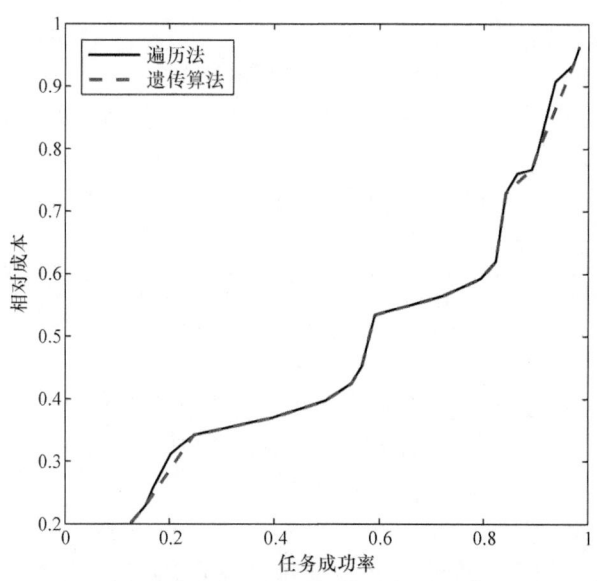

图 7.5.18 采用遍历法和遗传算法以备件总体积为成本的并串联部件效费曲线

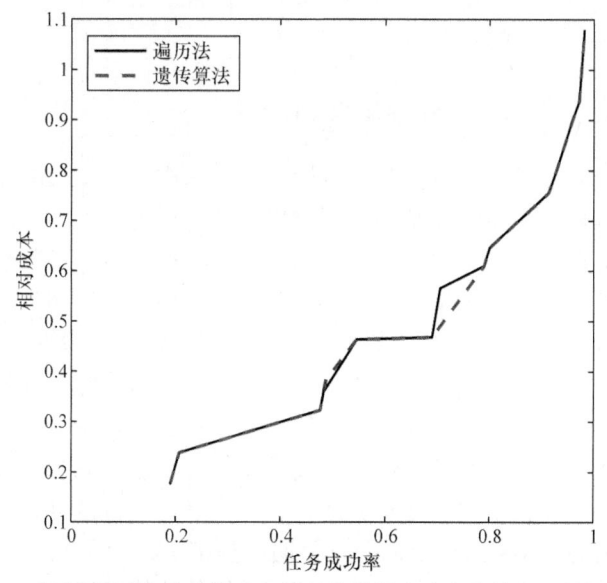

图 7.5.19 采用遗传算法和遗传算法以备件总质量为成本的并串联部件效费曲线

以遗传算法获得各种成本的效费曲线，为科学合理量化各种约束条件阈值提供了有力支持。此后，估算混联部件各种约束条件阈值的思路和串联部件的估算思路相同，不再赘述。

最后，简要介绍一下如何在遗传算法的适应度函数中实现多约束条件。以下为例 7.5.3 中适应度函数的部分核心代码，供读者参考。

```
x = mod(x,1);
s = round(Smax*x);%解码x成对应的备件方案
pmvw = estiPlan(tw,ab,s,mvw,ID);%计算备件方案的保障效果
pt = zeros(1,3);
if pmvw(1)>=P  %判断是否满足"任务成功率不低于阈值"
    pt(1) = 0.2*pmvw(2);
else
    pt(1) = 1*pmvw(2)+Mx/pmvw(1);
end
if pmvw(3)>V  %判断"备件总体积是否大于阈值"
    pfit = 1+pmvw(3)/V1;%不满足体积约束时的"罚金"比例
    pt(2) = pfit*Mx;
end
if pmvw(4)>W  %判断"备件总质量是否大于阈值"
    pfit = 1+pmvw(4)/W1;%不满足质量约束时的"罚金"比例
    pt(3) = pfit*Mx;
end
pre = sum(pt);%最终的适应度值
```

代码中的 x 是遗传算法中的个体编码，首先采用实数编码的形式，在对其取余数，乘以最大备件数量并取整后，把编码 x 换算成各单元的备件数量，将其记录到数组 s 中。然后，计算该备件方案的任务成功率、备件采购费用、备件总体积和备件总质量，把结果记录到数组 pmvw 中。最后，依次判断是否满足"任务成功率不低于阈值 P""备件总体积不大于阈值 V""备件总质量不大于阈值 W"，每违反一项约束条件，相应增加一部分"罚金"。上述代码中，体积和质量的"罚金"比例值与违反体积约束和质量约束的程度呈正相关关系。

表 7.5.17 列出了 16 组不同约束条件的情况，每组中都有 1 个或多个条件阈值较为严苛，分别采用遍历法和遗传算法，针对串并联部件制订的备件方案结果。表中每栏的备件方案数据中，上面一行是遍历法结果，下面一行是遗传算法结果。共有 5 组(第 1、4、8、12、13 组)遗传算法结果虽然满足所有的约束条件，但与遍历法结果不相同；共有 2 组(第 9、11 组)遗传算法结果没有满足所有的约束条件；其余 9 组遗传算法结果和遍历法结果相同。当用遗传算法没有得到满足所有约束条件的备件方案时，由于遗传算法本质上属于概率搜索，首先可以再多运行几遍遗传算法，若仍然无果，则考虑约束条件阈值是否合理或者是否难以达到。

表 7.5.17 串并联部件多约束备件方案的遍历法结果和遗传算法结果

序号	约束条件阈值			备件方案					
	P	V	W	任务成功率	备件采购费用/元	备件总体积/m³	备件总质量/kg	各单元备件数量
1	0.8	10.16	333	0.841	4700	9.68	317	0, 4, 0, 0, 0, 1, 0, 1, 0
				0.818	5450	8.92	274	0, 3, 0, 0, 0, 1, 0, 2, 0
2	0.8	3.63	371	0.822	13750	3.46	353	4, 0, 0, 0, 0, 2, 0, 0, 1
				0.822	13750	3.46	353	4, 0, 0, 0, 0, 2, 0, 0, 1
3	0.8	9.37	288	0.818	5450	8.92	274	0, 3, 0, 0, 0, 1, 0, 2, 0
				0.818	5450	8.92	274	0, 3, 0, 0, 0, 1, 0, 2, 0
4	0.8	7.72	331	0.817	6400	6.7	309	0, 3, 0, 0, 0, 1, 0, 0, 1
				0.803	10450	4.82	312	5, 0, 0, 0, 0, 1, 0, 1, 0
5	0.85	12.31	401	0.865	4950	11.72	382	0, 5, 0, 0, 0, 1, 0, 1, 0
				0.865	4950	11.72	382	0, 5, 0, 0, 0, 1, 0, 1, 0
6	0.85	4.07	387	0.864	12400	3.88	369	5, 0, 0, 0, 0, 1, 0, 0, 1
				0.864	12400	3.88	369	5, 0, 0, 0, 0, 1, 0, 0, 1
7	0.85	9.62	324	0.867	8150	9.16	309	0, 3, 0, 0, 0, 2, 0, 2, 0
				0.867	8150	9.16	309	0, 3, 0, 0, 0, 2, 0, 2, 0
8	0.85	8.67	371	0.866	9100	6.94	344	0, 3, 0, 0, 0, 1, 0, 0, 1
				0.864	12400	3.88	369	5, 0, 0, 0, 0, 1, 0, 0, 1
9	0.9	11.51	356	0.905	5700	10.96	339	0, 4, 0, 0, 0, 1, 0, 2, 0
				0.872	9150	10.44	331	0, 3, 0, 0, 0, 2, 0, 3, 0
10	0.9	4.33	424	0.915	15100	4.12	404	5, 0, 0, 0, 0, 2, 0, 0, 1
				0.915	15100	4.12	404	5, 0, 0, 0, 0, 2, 0, 0, 1
11	0.9	11.51	356	0.905	5700	10.96	339	0, 4, 0, 0, 0, 1, 0, 2, 0
				0.865	11450	6.1	334	5, 0, 0, 0, 0, 1, 0, 2, 0
12	0.9	9.11	379	0.904	6650	8.74	374	0, 4, 0, 0, 0, 1, 0, 0, 1
				0.916	14150	6.34	369	5, 0, 0, 0, 0, 2, 0, 2, 0
13	0.95	14.62	486	0.961	8200	13.92	463	0, 5, 0, 0, 1, 1, 0, 2, 0
				0.958	8400	11.2	374	0, 4, 0, 0, 0, 2, 0, 2, 0
14	0.95	5.02	478	0.962	16450	4.78	455	6, 0, 0, 0, 0, 2, 0, 0, 1
				0.962	16450	4.78	455	6, 0, 0, 0, 0, 2, 0, 0, 1
15	0.95	11.76	393	0.958	8400	11.2	374	0, 4, 0, 0, 0, 2, 0, 2, 0
				0.958	8400	11.2	374	0, 4, 0, 0, 0, 2, 0, 2, 0
16	0.95	10.47	453	0.958	9350	8.98	409	0, 4, 0, 0, 0, 2, 0, 0, 1
				0.958	9350	8.98	409	0, 4, 0, 0, 0, 2, 0, 0, 1

对于不同的问题，遗传算法的适应度函数具有不同的形式，甚至相同问题，也可以设计形式各异的适应度函数。文献[8]介绍了一种多约束条件下优化备件方案的适应度函数形式，那是一种把所有约束条件进行综合折算的设计思路，可供感兴趣的读者参考。

7.6 小　　结

部件是由多个单元按照一定的可靠性连接形式构成的产品，属于装备层级结构中位于单元层之上的中间层。本章介绍了针对串联部件、并联部件和混联部件的备件需求量计算中涉及的指标和方法。只有串联部件时，备件保障概率和任务成功率本质上是相同的。如果发生故障立刻更换且以备件保障概率作为保障指标，那么不论何种部件，都可视为串联部件计算备件需求量。与只能用于计算串联部件备件需求量的边际优化法不同，无论何种部件，只要能计算任务成功率就能使用遗传算法计算备件需求量。在面临任务成功率、备件总体积和备件总质量等多个约束条件时，边际搜索法只适用于串联部件，遗传算法则来者不拒，且其适应度函数能较为容易地实现多约束条件，利用其强大的全局优化能力，可实现多约束条件下的备件需求方案优化。

参 考 文 献

[1] 周明，孙树栋. 遗传算法原理与应用[M]. 北京：国防工业出版社，1999.

[2] 张志华. 可靠性理论及工程应用[M]. 北京：科学出版社，2012.

[3] Coello C A C. Theoretical and numerical constraint-handling techniques used with evolutionary algorithms: A survey of the state of the art[J]. Computer Methods in Applied Mechanica and Engineering, 2002, 191(11): 1245-1287.

[4] Michalewicz Z, Schoenauer M. Evolutionary algorithm for constrained parameter optimization problems[J]. IEEE Transactions on Evolutionary Computation, 1996, 4(1): 1-32.

[5] Farmani R, Wright J A. Self-adaptive fitness formulation for constrained optimization[J]. IEEE Transactions on Evolutionary Computation, 2003, 7(5): 445-455.

[6] 鲁延京，陈英武，杨志伟. 求解约束优化问题的粒子进化变异遗传算法[J]. 控制与决策，2012, 27(10): 1141-1146.

[7] 甘敏，彭辉，王勇. 多目标优化与自适应惩罚的混合约束优化进化算法[J]. 控制与决策，2010, 25(3): 378-382.

[8] 李华，邵松世，阮旻智，等. 备件保障的工程实践[M]. 北京：科学出版社，2016.

第 8 章　备件保障的事后评估

前述章节的初始备件、后续备件和有寿件等备件需求量是保障任务开始前对备件需求的预测。此时的备件保障概率可以视为(任务)事前备件保障效果评估结果。在保障任务结束后，已知最终的实际备件保障结果后，也有一类极为关注、急需解决的问题：备件保障的实际结果是否与备件方案的预期效果相符？在本章中，通过介绍备件保障效果事后评估方法，来回答该问题。

8.1　问题简述

以寿命服从指数分布的产品单元为例，式(8.1.1)常被用于计算备件需求量、评估备件保障效果[1]。

$$\mathrm{Ps} = \sum_{k=0}^{S} \frac{\left(\dfrac{\mathrm{Tw}}{a}\right)^{k}}{k!} \mathrm{e}^{-\dfrac{\mathrm{Tw}}{a}} \tag{8.1.1}$$

式中，S 为备件数量；Tw 为保障任务时间；a 为指数分布 $\mathrm{Exp}(a)$ 的均值参数，用于描述该单元的寿命分布；Ps 为备件保障概率，用于描述该备件保障方案的保障效果。

在执行任务前，Ps 是对某保障任务在该批备件支持下能得以成功的预期概率(任务期间的单元故障次数不大于备件数量记为成功)，是对备件保障效果的事前评估结果。所谓备件保障效果事后评估(以下简称事后评估)，是在执行完多次任务、已知各次任务保障结果(成功或失败)后，进行的评估工作。事后评估工作力图解决的核心问题是：这些任务的实际保障结果，在总体上是否和事先预期的一致？人们一般会更关注那些保障失败的任务。举例来说，事后评估主要回答这样的问题：对于一个理论上备件保障概率高达 0.9 的备件保障方案，却在实际任务中保障失败了，失败的原因是保障过程中固有的随机性导致的"偶然性失败"，还是由某些原因导致的"必然性失败"？

式(8.1.1)的正确性在理论上是毋庸置疑的。因此，若怀疑保障任务的实际效果与预期效果不相符，则原因应该是式(8.1.1)使用了不太准确的参数。对于一次失败的保障任务，通过分析式(8.1.1)，可以得出失败的原因有以下 3 种。

(1) 保障过程中固有的随机性。

尽管较为准确地掌握了单元的寿命分布规律，但各单元的个体寿命具有随机性，因此即便保障概率高达 0.9，仍然有保障失败的可能性，会出现实际保障任务失败的情况。

(2) 单元寿命的实际分布规律与原先掌握的情况存在较大差异。

决定单元寿命的因素除了内部的自身质量外，外部的工作环境影响也很大。尤其是海军装备，通常处于高温、高湿、高盐度、高海况等恶劣环境下，实际寿命可能小于装备研制厂家标称值。因此，原因(2)在实际中具有一定的代表性。

(3) 实际保障任务时间比预计的 Tw 值要大，导致备件保障概率没有达到预期值，增大了保障失败的可能性，从而在概率意义上，使保障任务从"偶然性失败"转向"必然性失败"。

在实际工作中，尽管实际保障任务时间有时会"计划不如变化快"，会有一定程度的变化，但它毕竟是可以事后被准确"测量"的，因此原因(3)是可以判别证实的。事后评估工作的难点在于原因(1)和原因(2)之间难以区分、判别和证实。

若经事后评估，认为原因(1)是导致保障任务实际结果的主要原因，则可以认为这些任务的实际保障结果在总体上和事先预期的较为一致。

若经事后评估，认为原因(2)是导致保障任务实际结果的主要原因，则可以认为这些任务的实际保障结果在总体上和事先预期的不一致，需要在后续的备件保障工作中慎重使用该单元的原寿命分布参数。

本章假定准确掌握实际保障任务时间，以"原因(1)和原因(2)中，谁是导致保障任务实际结果的主要原因"作为保障效果事后评估待解决的问题。

在实际工作中，事后评估工作的难点在于：每一次具体的保障任务都不相同，很少出现同一个备件保障方案被多次重复执行的情况，有时甚至会出现未能及时记录已消耗单元实际寿命信息等情况。上述任务不能重复、实际寿命数值信息缺失等情况，导致数理统计理论中常规的显著性检验、假设检验等方法不能直接用于保障效果事后评估。

8.2 事后评估方法

指数分布是一种常见的分布类型，电子零部件的寿命通常服从指数分布[1]，如印制电路板插件、电子部件、电阻、电容、集成电路等。指数型单元是指寿命服从指数分布 $\text{Exp}(a)$ 的单元，参数 a 表示寿命均值。在理论上，通常把寿命小于 x 的概率函数称为分布函数，记为 $F(x)$。对于指数分布而言，密度函数 $f(x) = \dfrac{1}{a} e^{\frac{-x}{a}}$，分布函数 $F(x) = 1 - e^{\frac{-x}{a}}$，可靠度 $R(x)$ 是寿命大于 x 的概率。在本节中以该型单元为例，阐述事后评估方法。

第8章 备件保障的事后评估

记某单元寿命服从指数分布,装备研制厂家认为该单元寿命服从 $\mathrm{Exp}(a_0)$ 分布,称 a_0 为该单元寿命分布参数的厂家标称值。在计算备件方案的事前评估结果时,使用的都是单元寿命分布参数的厂家标称值。

在完成了 m 次的保障任务后,记第 i 次的保障任务结果为 $[\mathrm{Tw}_i \quad S_i \quad F_i]$。其中,$\mathrm{Tw}_i$ 是该次保障任务时间;F_i 是该次任务保障成功与否的标志,当任务期间的所有备件需求都得以满足时,$F_i=1$,否则 $F_i=0$;S_i 是为该次任务配置的备件数量。例如,某次保障任务时间为1000h,为某单元配置的备件数量为3,如该次任务保障成功记为[1000 3 1],如该次任务因备件数量不足而保障失败,则记为[1000 3 0]。

事后评估方法的主要步骤如下所示。

(1) 生成 n 个候选的参数 $a_j, 1 \leqslant j \leqslant n$。

依靠以往经验,估计参数上限 $a_{\max}$ 和下限 $a_{\min}$,要求参数真值在 $(a_{\min}, a_{\max})$ 内;在 $a_{\min}$ 和 $a_{\max}$ 之间等间距选取 a_j。

(2) 初始化权重系数 $W_j, 1 \leqslant j \leqslant n$,令 $W_j = \dfrac{1}{n}$。

(3) 从 $i=1$ 开始遍历各次任务的保障结果,修正权重系数 W_j。

① 根据第 i 次任务的保障结果 $[\mathrm{Tw}_i \quad S_i \quad F_i]$,对所有候选的分布参数遍历计算

$$P_j = \begin{cases} 1 - \sum_{k=0}^{S_i} \dfrac{\left(\dfrac{\mathrm{Tw}_i}{a_j}\right)^k}{k!} \mathrm{e}^{-\dfrac{\mathrm{Tw}_i}{a_j}}, & F_i = 0 \\ \sum_{k=0}^{S_i} \dfrac{\left(\dfrac{\mathrm{Tw}_i}{a_j}\right)^k}{k!} \mathrm{e}^{-\dfrac{\mathrm{Tw}_i}{a_j}}, & F_i = 1 \end{cases}$$

② 遍历修正权重系数 $W_j, 1 \leqslant j \leqslant n$,令

$$W_j = \dfrac{W_j P_j}{\sum_{k=1}^{n} W_k P_k}$$

③ 令 $i = i+1$,若 $i \leqslant m$,则执行①,否则执行(4)。

(4) 输出指数分布参数估计结果 $\tilde{a}$,令 $\tilde{a} = \sum_{j=1}^{n} W_j a_j$ 作为该指数型单元的寿命分布参数的评估值。

(5) 初始化影响因子 inF_1、inF_2,令 $\mathrm{inF}_1 = 0.5$,$\mathrm{inF}_2 = 0.5$。

(6) 从 $i=1$ 开始遍历各次任务的保障结果，修正影响因子 inF_1、inF_2。

① 根据第 i 次任务的保障结果 $[\text{Tw}_i \quad S_i \quad F_i]$，计算 sP_1 和 sP_2。sP_1 描述了该指数型单元的寿命分布参数为厂家标称值 a_0 时第 i 次任务保障结果的似然程度。sP_2 描述了该指数型单元的寿命分布参数为评估值 $\tilde{a}$ 时第 i 次任务保障结果的似然程度。

$$\text{sP}_1 = \begin{cases} 1 - \sum_{k=0}^{S_i} \frac{\left(\frac{\text{Tw}_i}{a_0}\right)^k}{k!} e^{-\frac{\text{Tw}_i}{a_0}}, & F_i = 0 \\ \sum_{k=0}^{S_i} \frac{\left(\frac{\text{Tw}_i}{a_0}\right)^k}{k!} e^{-\frac{\text{Tw}_i}{a_0}}, & F_i = 1 \end{cases}$$

$$\text{sP}_2 = \begin{cases} 1 - \sum_{k=0}^{S_i} \frac{\left(\frac{\text{Tw}_i}{\tilde{a}}\right)^k}{k!} e^{-\frac{\text{Tw}_i}{\tilde{a}}}, & F_i = 0 \\ \sum_{k=0}^{S_i} \frac{\left(\frac{\text{Tw}_i}{\tilde{a}}\right)^k}{k!} e^{-\frac{\text{Tw}_i}{\tilde{a}}}, & F_i = 1 \end{cases}$$

② 修正影响因子 inF_1、inF_2，令

$$\text{inF}_1 = \frac{\text{sP}_1 \cdot \text{inF}_1}{\text{sP}_1 \cdot \text{inF}_1 + \text{sP}_2 \cdot \text{inF}_2}$$

$$\text{inF}_2 = \frac{\text{sP}_2 \cdot \text{inF}_2}{\text{sP}_1 \cdot \text{inF}_1 + \text{sP}_2 \cdot \text{inF}_2}$$

③ 令 $i = i+1$，若 $i \leq m$，则执行①，否则执行(7)。

(7) 计算影响率指数 Sv，给出事后评估结论。

令 $\text{Sv} = \frac{\text{inF}_2}{\text{inF}_1}$，$\text{inF}_1$ 定量描述了由 8.1 节保障失败的原因(1)导致上述 m 次保障任务结果的影响程度，inF_2 定量描述了由原因(2)导致上述 m 次保障任务结果的影响程度。Sv 反映了相对原因(1)，原因(2)导致上述 m 次保障任务结果的相对影响程度。

当 Sv 大于预置阈值时，可以认为原因(2)对导致上述 m 次保障任务结果具有较为显著的影响；否则，可以认为原因(1)对导致上述 m 次保障任务结果具有较为显著的影响。建议阈值不小于 2。

在以上计算权重系数 W_j 和计算影响因子 inF_1、inF_2 中使用了贝叶斯公式[2]。这是一种利用事后实际结果数据进行判断、决策的方法。

例 8.2.1 某指数型单元的寿命服从指数分布 Exp(a)，分布参数 a 的真值为 350，厂家给出的分布参数标称值为 500。以厂家标称值为 10 次保障任务配备了相应数量的备件，并计算其(事前)备件保障概率，这 10 次保障任务的执行情况见表 8.2.1。表 8.2.1 "保障结果"列中，0 表示保障失败，1 表示保障成功。请对 10 次保障任务进行事后评估，判断这 10 次保障任务的结果是否与事前计划的相符。

表 8.2.1 实际保障任务执行情况

序号	保障任务时间/h	备件数量	保障结果	备件保障概率(事前)
1	1580	5	1	0.899
2	1280	3	0	0.745
3	2320	6	1	0.813
4	1120	1	0	0.345
5	1140	3	0	0.803
6	1200	4	0	0.904
7	1240	4	1	0.894
8	1860	5	1	0.827
9	1800	5	0	0.844
10	1080	2	0	0.633

解 在 10 次任务中，第 5、6、9 次任务事前评估的备件保障概率都不低于 0.8，实际上却失败了，尤为可疑，需要通过事后评估查找可能的原因。

主要计算过程如下：

(1) 该单元的寿命分布参数预计在 100~1000，以 100 为步长生成候选参数，得到 10 种候选参数 $a_j, 1 \leq j \leq 10$。

(2) 初始化权重系数 W_j，令 $W_j = \dfrac{1}{10}$。

(3) 每输入一次任务数据，就修正一次权重系数 W_j，计算结果见表 8.2.2。

表 8.2.2 权重系数修正结果

序号	候选分布参数	权重系数	任务 1	任务 2	任务 3	任务 4	任务 5	任务 6	任务 7	任务 8	任务 9	任务 10
1	100	W_1	0.000	0.001	0.000	0.000	0.000	0.000	0.000	0.000	0.000	0.000
2	200	W_2	0.027	0.116	0.011	0.017	0.052	0.148	0.062	0.012	0.027	0.039
3	300	W_3	0.077	0.231	0.130	0.184	0.366	0.541	0.525	0.416	0.605	0.678
4	400	W_4	0.108	0.208	0.214	0.264	0.318	0.234	0.301	0.389	0.303	0.247
5	500	W_5	0.122	0.151	0.199	0.208	0.155	0.059	0.085	0.135	0.055	0.032
6	600	W_6	0.129	0.105	0.153	0.136	0.064	0.014	0.020	0.036	0.008	0.003

续表

序号	候选分布参数	权重系数	任务1	任务2	任务3	任务4	任务5	任务6	任务7	任务8	任务9	任务10
7	700	W_7	0.132	0.073	0.111	0.085	0.026	0.003	0.005	0.009	0.001	0.000
8	800	W_8	0.134	0.051	0.080	0.052	0.011	0.001	0.001	0.002	0.000	0.000
9	900	W_9	0.135	0.037	0.058	0.033	0.005	0.000	0.000	0.001	0.000	0.000
10	1000	W_{10}	0.135	0.027	0.043	0.021	0.002	0.000	0.000	0.000	0.000	0.000

(4) 令 $\tilde{a} = \sum_{j=1}^{10} W_j a_j = 328.4$ 作为该指数型单元的寿命分布参数的评估值。

(5) 初始化影响因子 inF_1、inF_2，令 $\text{inF}_1 = 0.5$，$\text{inF}_2 = 0.5$。

(6) 再次遍历各次任务的保障结果，修正影响因子 inF_1、inF_2，计算结果见表 8.2.3。

表 8.2.3 影响因子结果

分布参数	影响因子	任务1	任务2	任务3	任务4	任务5	任务6	任务7	任务8	任务9	任务10
标称值	inF_1	0.581	0.393	0.545	0.478	0.283	0.111	0.142	0.214	0.083	0.050
评估值	inF_2	0.419	0.607	0.455	0.522	0.717	0.889	0.858	0.786	0.917	0.950

(7) 计算影响率指数 $Sv = \dfrac{\text{inF}_2}{\text{inF}_1} = \dfrac{0.950}{0.050} = 19.2$。

(8) 令阈值为 2，因为 $Sv = 19.2 > 2$，所以可以认为该指数型单元的寿命分布参数厂家标称值与真值不符，存在较大差异，该参数真值比厂家标称值要偏小，后续开展备件工作时需要考虑该情况的影响。

表 8.2.4 中的备件保障概率(事后)结果是采用分布参数事后评估值 328.4 计算出来的。以此结果来查看各次任务的保障结果，尤为可疑的保障结果已然不多，不甚明显。

表 8.2.4 实际保障任务的事前和事后备件保障概率评估结果

序号	保障任务时间/h	备件数量	保障结果	备件保障概率(事前)	备件保障概率(事后)
1	1580	5	1	0.899	0.649
2	1280	3	0	0.745	0.454
3	2320	6	1	0.813	0.440
4	1120	1	0	0.345	0.146
5	1140	3	0	0.803	0.543
6	1200	4	0	0.904	0.696

续表

序号	保障任务时间/h	备件数量	保障结果	备件保障概率(事前)	备件保障概率(事后)
7	1240	4	1	0.894	0.673
8	1860	5	1	0.827	0.501
9	1800	5	0	0.844	0.532
10	1080	2	0	0.633	0.362

图 8.2.1 显示了例 8.2.1 中单元寿命分布参数分别为真值、厂家标称值和评估值时的密度函数情况。

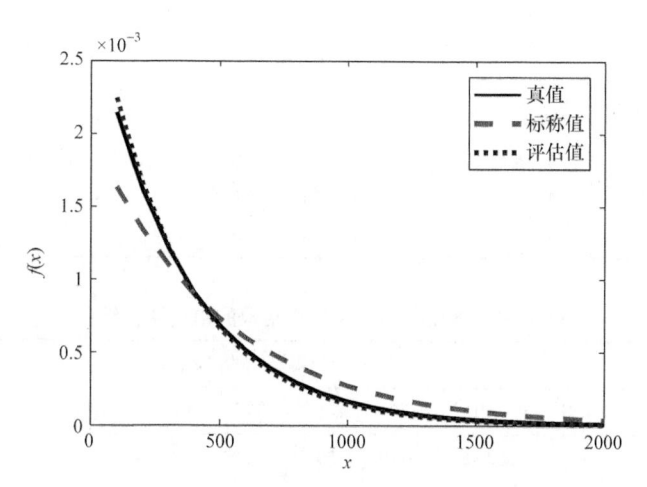

图 8.2.1　不同来源分布参数对应的密度函数结果

以上事后评估思路同样适用于寿命服从伽马分布、正态分布和韦布尔分布等其他类型的单元，不再赘述。

8.3　应用说明

本章的事后评估方法在实际应用中，往往是基于各次任务不尽相同、单元实际寿命信息不全甚至任务次数不多，尽管用到了贝叶斯公式等数学利器，但它力图解决的问题在本质上毕竟属于不确定性问题，因此在实际应用该方法时，绝不能简单地拿来就用，轻率地以事后评估结果来盖棺定论。下面举例说明应用该方法的注意事项。

作以下假定：某单元寿命服从指数分布，参数的厂家标称值为 500，实际真值为 400，共有 10 次任务，任务时间和任务前配置的备件数量等信息见表 8.3.1，表中的备件保障概率(事前)是采用厂家标称值的计算结果。采用仿真的方式，把各任务模拟执行9次，共得到9组任务执行仿真结果。对这9组仿真结果分别进行事后评估，评估结果见表8.3.2。

表 8.3.1 相关任务信息

任务序号	保障任务时间/h	备件数量	备件保障概率(事前)	保障任务仿真结果								
				第1组	第2组	第3组	第4组	第5组	第6组	第7组	第8组	第9组
1	1850	3	0.494	0	0	0	0	0	1	0	0	0
2	1250	3	0.758	0	1	0	1	0	1	1	1	1
3	1550	3	0.625	1	0	0	0	0	1	1	1	0
4	1400	6	0.976	0	1	1	1	1	1	1	1	1
5	500	4	0.996	1	1	1	1	1	1	1	1	1
6	1100	2	0.623	0	1	1	0	1	0	1	0	0
7	1400	5	0.935	1	0	1	0	1	1	0	1	1
8	1250	5	0.958	1	1	1	0	1	1	0	1	1
9	1100	3	0.819	1	1	0	1	1	1	1	0	1
10	1850	7	0.965	0	0	0	0	1	1	1	1	1

表 8.3.2 各组保障任务仿真结果的事后评估结果

名称	保障任务仿真结果								
	第1组	第2组	第3组	第4组	第5组	第6组	第7组	第8组	第9组
分布参数标称值	500	500	500	500	500	500	500	500	500
分布参数真值	400	400	400	400	400	400	400	400	400
分布参数评估值	295.3	333.5	297.9	242.2	356.1	830.1	519.7	469.7	465.8
影响率指数	67.4	12.0	40.8	867.1	5.4	5.3	0.9	1.2	1.2

如果站在"知道"分布参数真值的"上帝视角"，在这9组事后评估结果中，前5组正确地判断出真值比厂家标称值小的事实，但评估值与真值相比普遍偏小；第6组错误地认为真值比厂家标称值要更大；后3组则认为真值和厂家标称值相差不大，没有明显区别。以"上帝视角"来看，事后评估准确性不超过60%。

实际工作中，分布参数真值是无法知晓的。那么如何理性看待事后评估结果呢？首先是要把保障任务结果和备件保障概率(事先)结合起来看，观察是否有可疑数据。例如，第一组数据中的第4次、第10次任务，第二组数据中的第7次、第10次任务，第三组数据中的第9次、第10次任务，第四组数据中的第7次、第8次、第10次任务，都属于事前备件保障概率较大(超过0.8)却任务失败的情况，这四组都是在10次预测中有2次以上的结果明显可疑。第6组是10次任务全部成功，那么"参数评估值大于厂家标称值"这个结果也在情理之中，实际结果数据不能支持"真值小于厂家标称值"的标准答案。第 7 组数据中第 8 次任务，第 8 组数据中第 9 次任务，都属于可疑结果，但属于 10 次预测中仅有 1 次结果明显超出预期。第 9 组数据中无明显可疑结果。从这个角度来看，上述 9 组事后评估结果并无不妥。

本章事后评估方法的理论基石是数理统计相关理论，核心是贝叶斯公式。对于统计性问题，样本数据规模足够大、信息足够全是最终结果足够准确的前提。因此，对于上述只有 10 次任务相关数据这样的样本规模而言，上述分布参数评估值最多只能在做定性判断时使用，不可用于定量计算；并且，当可疑任务结果不多时，需要有所保留地看待事后评估结果，甚至要有所偏好地看待评估结果。例如，如果面对的是"任务全部成功"的第 6 组实际结果数据，那么得到该单元的评估可靠性要远好于厂家告知的可靠性这种事后评估结果时，不能马上下结论，并以此结果开展后续工作，还要重新审视该结果的数据规模是否足够大，还需要用以后更多的实际数据来进一步验证、评估；如果面对的是类似第 1~4 组这样的数据，可疑结果次数较多，那么可能需要在后续任务中考虑"实际可靠性有较大可能性更差"这种情况，通过提高备件保障概率指标等方式，来加大后续任务的备件保障力度。

8.4 小　　结

计算备件需求量涉及备件保障效果的事前评估，"如何准确评估"是其核心问题，"评估结果是否真的准确"则是备件保障效果事后评估的核心问题。事后评估是把备件预测的理论计算和实际保障工作相互联系起来的桥梁。从自动控制角度，可把事前评估和事后评估两者的结合视为闭环控制，事后评估相当于负反馈环节。高质量的事后评估工作能利用以往的实际保障经验，逐步提高事前筹划备件保障的能力。

参 考 文 献

[1] 中国人民解放军空军标准化办公室. 备件供应规划要求: GJB 4355—2002[S]. 北京: 中国人民解放军总装备部, 2003.
[2] 茆诗松, 汤银才. 贝叶斯统计[M]. 2 版. 北京: 中国统计出版社, 2012.

第9章 总　　结

广义的备件保障需要解决方方面面的问题。如果把备件保障比喻成摩天大厦，单元级的备件需求预测则是构成该建筑的一类砖石——既基础又随处可见。很多备件保障工作落实到最后，都体现在备件数量上面。本书主要在单元级层面，针对"如何计算备件需求量"这个问题，提供一系列覆盖各种类别备件的计算方法，主要内容如下：

(1) 基于备件使用过程建立单元级备件保障仿真模型。备件保障是一个极为宽泛的领域，全面描述备件保障的仿真模型是极其复杂、庞大的。如果把着眼点放在单元级，那么其仿真模型会很简单，基本上就是一个描述"前赴后继"现象的备件使用过程：每发生一次故障，就使用一个备件，直到备件消耗完毕或到达任务结束时刻。这个仿真模型是任何一个从事备件保障工作的人员都能理解、掌握的。这个模型能给出备件保障概率、备件利用率、使用可用度和任务成功率等常用备件保障指标结果。掌握了备件保障仿真模型，即便不使用本书中的各种方法，也能模拟出备件需求量，或者对别人提交的备件方案进行仿真检验，给出是否满足保障要求的结论。单凭仿真模型易于理解、可行、可信的优点，就足以忽略它相对较耗时、结果有微小起伏的缺点。仿真作为一种容易掌握的方法，有资格与本书中任何一种解析方法相提并论。这也是本书每个核心章节基本上都会介绍相关备件仿真模型的初心。

(2) 在介绍初始备件需求量计算方法时，本书从任务期间故障发生概率和累积工作时间两个角度对备件保障概率的理论计算思路进行了解读，前者多见于指数型单元，后者适用于任何寿命类型的单元，卷积是后者的理论工具。两种思路角度各异，却殊途同归，最后都能得到相同的备件保障概率结果，并且两者可以相互转化；只要能计算备件保障概率，就能从理论上计算故障发生概率，也就能计算备件利用率。本书的可修复备件需求量计算方法利用到了这一知识点。

(3) 在理论上，卷积适用于计算任意寿命类型单元的备件需求量。由于在计算机上进行卷积的数值计算时，随着备件数量的增加，计算量呈指数级增长，一般备件数量大于6后计算耗时就已经让人无法忍受了。由于伽马分布的卷积可加性和正态分布的卷积可加性，本书介绍的指数型单元、伽马型单元和正态型单元的备件需求量计算方法都是理论正确、秒算结果的方法。通过伽马近似或正态近似，本书介绍的韦布尔型单元和对数正态型单元的备件需求量方法都是近似计算方法，在牺牲些许精度的情况下，能秒算出最终结果。简而言之，在计算备件需求量时卷积是正途大道——方向正确有时却路途漫漫；卷积可加性是羊肠捷径，虽然理论上只适用三种寿命分布类型，但通过分布之间的近似转化，也能得到误差在工程应用允许范围以内的结果。

(4) 使用有寿件时，除了故障更换外，还包括到寿更换。有寿件理论上依然可以用卷积来计算备件需求，但同样受限于卷积数值计算量的指数增长模式。本书通过用伽马/正态分布来近似描述有寿件的工作寿命，把故障更换和到寿更换"归一"成只有故障更换，从而再次回到卷积可加性的捷径，最终计算出较为准确的备件需求量。与把韦布尔/对数正态分布近似成伽马分布时追求最大"形似"不同，用伽马/正态分布来描述把有寿件的工作寿命只能算是"神似"，最后却也取得了不错的效果。这也许在提示我们：对于统计性规律，不可用确定性的思维看待。例如，不可认为两种类型的分布就一定有天壤之别；一组数据用韦布尔分布描述后，也允许用伽马分布来描述，又有谁能确切知道这些数据到底源于何种分布呢？对于统计性规律而言，最大可能地追求"形似"可以是首个目标，如果不可得，也允许在"神似"的基础上再试一试，或许有意外收获。书中第 2 章中多单元(表决结构)的备件需求量计算方法就是由此得来。

(5) 连续供应备件可以进一步分为长期列装场景和短期任务场景。前者可用排队论的生灭过程理论来解释，后者在本书中最后提炼成"计算某随机数 X 大于某随机数 Y 的概率"的问题。一次性供应备件主要发生在短期任务场景，反映了两级保障、多台套装备对备件的需求，在书中给出的方法中，卷积再次起到关键作用。

(6) 第 7 章介绍了部件级备件需求量计算方法，这是前述章节的单元级备件需求量方法朝着解决装备级备件需求的目标向前迈了一步。该方法的框架是"单元级备件需求+优化算法"。优化算法的作用是在计算过程中决定选择哪个单元去计算备件需求量。书中主要介绍了边际优化法和遗传算法这两种优化算法的应用情况。前者适合各单元之间为串联关系的部件，具有计算量小、结果全局最优的特点；后者适合更为广泛的可靠性连接关系，计算量相对较大，能以较大概率获得最优邻域解。如果按照解决主要矛盾的思路，首先解决装备中关键件的备件问题，那么各关键件之间自然是串联关系。因此，串联部件的备件需求量计算方法具有更大的现实应用价值。

(7) 前 7 章介绍的方法都是用在执行任务之前的备件筹划工作中，第 8 章介绍的方法则是在任务执行完毕后，用于回答"任务执行结果是否和预期结果相一致"这个问题。该方法主要涉及数学上的"似然"概念和贝叶斯公式。前7章的备件保障效果事前评估和第8章的事后评估至此结合起来，形成工作上的闭环——既有事前规划、又有事后核查。事前和事后的互动循环将使备件保障工作质量越来越高。

本书的单元级备件需求量直接反映了装备现场的备件需求，既是前沿一线的直接需求，也是后方修理单位、仓库等备件需求的源头。